给忙碌青少年讲人工智能

会思考的机器和AI时代

[英]《新科学家》杂志 编著

欣玫 译

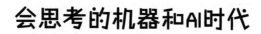

天津出版传媒集团

天津科学技术出版社

图书在版编目（CIP）数据

给忙碌青少年讲人工智能：会思考的机器和AI时代 /
英国《新科学家》杂志编著；欣玫译. -- 天津：天津
科学技术出版社，2021.5（2023.11重印）
　书名原文：Machines that Think
　ISBN 978-7-5576-8970-4

　Ⅰ. ①给… Ⅱ. ①英… ②欣… Ⅲ. ①人工智能 - 青
少年读物 Ⅳ. ①TP18-49

　中国版本图书馆CIP数据核字(2021)第062797号

给忙碌青少年讲人工智能：会思考的机器和AI时代
GEI MANGLU QINGSHAONIAN JIANG RENGONG ZHINENG:
HUI SIKAO DE JIQI HE AI SHIDAI

选题策划：联合天际
责任编辑：布亚楠

出　　版：	天津出版传媒集团 天津科学技术出版社	
地　　址：	天津市西康路35号	
邮　　编：	300051	
电　　话：	（022）23332695	
网　　址：	www.tjkjcbs.com.cn	
发　　行：	未读（天津）文化传媒有限公司	
印　　刷：	天津联城印刷有限公司	

关注未读好书

客服咨询

开本 710 × 1000　1/16　印张15.5　字数179 000
2023年11月第1版第3次印刷
定价：58.00元

系列介绍

关于有些主题，我们每个人都希望了解更多，对此，《新科学家》（*New Scientist*）的这一系列书籍能给我们以启发和引导，这些主题具有挑战性，涉及探究性思维，为我们打开深入理解周围世界的大门。好奇的读者想知道事物的运作方式和原因，毫无疑问，这系列书籍将是很好的切入点，既有权威性，又浅显易懂。请大家关注本系列中的其他书籍：

《给忙碌青少年讲太空漫游：从太阳中心到未知边缘》

《给忙碌青少年讲生命进化：从达尔文进化论到当代基因科学》

《给忙碌青少年讲脑科学：破解人类意识之谜》

《给忙碌青少年讲粒子物理：揭开万物存在的奥秘》

《给忙碌青少年讲地球科学：重新认识生命家园》

《给忙碌青少年讲数学之美：发现数字与生活的神奇关联》

《给忙碌青少年讲人类起源：700 万年人类进化简史》

撰稿人

编辑：道格拉斯·希夫恩，科技记者、《新科学家》杂志顾问，曾任《新科学家》首席科技编辑及 BBC *Future Now* 节目发行编辑。

系列编辑：艾莉森·乔治，《新科学家》"即时专家"系列编辑。

特约撰稿人

尼克·博斯特罗姆撰写了第 8 章的"如果 AI 变得比我们聪明，会发生什么？"部分。他是牛津大学人类未来研究所主任，著有《超级智能：路线图、危险性与应对策略》（*Superinteligence: Paths, Dangers, Strategies*）一书。

内洛·格里斯蒂亚尼尼撰写了第 1、2、3、5 章的部分内容。他是英国布里斯托尔大学的人工智能教授，著有多本与机器学习相关的教科书，包括《模式分析的核方法》（*Kernel Methods for Pattern Analysis*）。

约翰·葛拉汉－康明撰写了第 1 章的部分内容。他是一位程序员、业余密码破译者，著有《极客地图》（*The Geek Atlas*）一书。2009 年，他成功争取到英国政府对阿兰·图灵的正式道歉。

彼得·诺维格撰写了第 1、2、5、6 章的部分内容。他是谷歌公司的研究主管、《人工智能：一种现代的方法》（*Artificial Intelligence: A Modern Approach*）一书的合著者。他曾于美国国家航空航天局（NASA）艾姆斯研究中心领导计算机科学部。

安德斯·桑德伯格撰写了第 8 章的"软件能感受痛苦吗？"部分。他是牛津大学人类未来研究所的研究员，研究新技术的低概率和高风险。

托比·沃尔什撰写了第 8 章的"奇点永远不会来临的五个理由"部分。他是澳大利亚新南威尔士大学的人工智能教授，是《人工智能会取代人类吗？》

（ *It's Alive! Artificial Intelligence from the Logic Piano to Killer Robots* ）一书的作者。

也感谢以下作者和编辑：

莎莉·埃迪、基列·阿米特、雅各布·阿伦、克里斯·巴拉纽克、凯瑟琳·德兰格、莉斯·埃尔斯、尼尔·弗斯、尼克·弗莱明、阿曼达·格夫特、道格拉斯·希夫恩、哈尔·霍德森、弗吉尼亚·休斯、克里斯汀·基德、保罗·马克斯、贾斯汀·马林斯、肖恩·奥尼尔、桑迪·翁、西蒙·帕金、苏米特·保罗－乔杜里、蒂莫西·雷维尔、马特·雷诺兹、大卫·罗伯森、阿维娃·鲁特金、维姬·图尔克、普鲁·沃勒、乔恩·怀特和马克·扎斯特罗。

前言

人工智能（Artificial intelligence，简称 AI）是我们这个时代的决定性趋势。在过去 10 年左右的时间里，电脑通过训练，学会了执行越来越复杂的任务。大量我们一度认为只有人类才能做到的事，电脑现在已经驾轻就熟。从识别人群中的个体到在拥挤的交通中驾驶汽车，再到击败最优秀的人类围棋棋手（长久以来，人们曾一度确信 AI 无法涉足围棋），类似的成功案例正不断涌现。有时候，它们在某些事上甚至比我们做得还好，而且完成速度更快或者持续时间更长，且从不知疲倦。

当然，会思考的机器并不新鲜。近 75 年来，我们一直在努力制造出那种能够具备部分人类智能的电脑。"类人自动化装置"的概念可追溯到几个世纪前。人类向来都对自身——尤其是我们的智慧——十分着迷，所以我们会醉心于在机器体内复制人类的闪光点，也就不足为奇了。

但人工智能与人类智能的比较，既引发了不安，也令人遐想。AI 能有多接近我们？会抢走我们的工作，在游戏或者能赋予人生意义的创意活动中打败我们——最终取代我们吗？斯蒂芬·霍金和埃隆·马斯克等公众人物甚至提出"AI 末日"的可怕场景：超级智能的未来机器为了追求人类无法理解的目标而将我们踩在脚下。马斯克说，我们正在"召唤恶魔"。

这些令人兴奋的报道揭示出，公众已深深地意识到 AI 带来的挑战。虽然在现实中，灾难片中的情节不太可能上演，但我们能够期待的是，未来会同样惊人，可能还更加离奇。

我们以前也曾见识过科技泡沫，如 20 世纪 90 年代末互联网泡沫的繁荣与破灭。对于 AI 的追捧以及全世界的企业正往其中投入的数十亿资金，堪比互联网早期那种令人激动的热闹劲儿。但这次感觉有所不同。从我们与设备的互动方式，到我们的出行方式，再到整个社会的运转，AI 会给人类日常生活带来翻天覆地的变化。有人甚至认为，AI 还会改变人本身的意义。

面对我们即将遭遇的技术与伦理挑战，这本书将为你介绍你在 AI 方面需要了解的一切东西。通过书中汇集的顶尖研究人员的看法以及《新科学家》杂志的精华内容，你将快速了解那些正改变我们未来的人在做什么以及他们期待着怎样的结果。如果你想知道那些处在 AI 研究最前沿的人们心中的希望和恐惧（一位先驱曾说 AI 是我们需要发明的最后一样东西），那么请继续读下去。

编辑　道格拉斯·希夫恩

目录

1

依照我们的形象

制造智能机器的挑战

长久以来，我们都怀疑"智力"并非人类独有的特质。能制造出像人一样思考、学习的机器，这个梦我们做了已经不止 75 年。随着计算机信息处理技术的出现，我们似乎离这一目标越来越近，但依照我们自己的形象来创造这种机器，仍然比我们想象的困难许多。

何谓人工智能？

人工智能领域就是指研究智能机器的科学与工程学。但这会引出一个恼人的问题：何谓"智能"？在很多方面，"非智能"的机器已经远比人类聪明。电脑程序可以计算巨大数字的乘积，或者结算成千上万的银行账户余额，但我们并不会说它们很聪明，而是说算得"正确"。"智能"这个词，我们只用来描述人类特有的那些能力，比如辨认出熟悉的面孔，在交通高峰期的车流中穿行，或是精通某种乐器。

为什么通过编程让机器来做这些事很困难？传统上，程序设计人员在编程时就知道自己想让计算机执行什么任务。但人工智能的目的是，让计算机在你都不知道怎么做的情况下做出恰当的选择。

现实世界中，不确定性有许多表现形式。比如，它可以使某个对手试图阻止你达成目标；也可以使某个决定的影响在很久后才慢慢显现出来——为了避免撞车，你猛打方向盘，但不知道这样做是否安全；或者是在执行任务的过程中，出现了新的信息。智能程序必须能处理所有这些甚至更多的信息。

要模拟人类智能，系统不仅要为任务本身建模，还要为执行该任务的世界建模。它必须能感知周围环境，然后采取行动，相应地修正、调整自己的行动。只有机器在不确定的情况下能做出正确的决定时，你才能称其为"智能"。

人工智能的哲学起源

人工智能的起源相比首台计算机的诞生，要早好几个世纪。亚里士多德设计出一种形式化、机械化的论证方法，称为三段论，它能让我们根据前提推出结论。它的一条规则支持以下论点：

有些天鹅是白色的，

所有天鹅都是鸟类，

因此，有些鸟类是白色的。

这种论证形式（有些 S 是 W，所有 S 都是 B，因此有些 B 是 W）可应用于任何 S、W、B 之间的推理，不管组成句子的单词具体是什么，都能得出有效结论。这一表述尽管缺乏人类式的完善的理解能力，但依然有可能建立一种机制，能遵循某种智能行为。

亚里士多德的观点为广泛而深入地探究机器智能奠定了基础。然而直到 20 世纪中叶，计算机技术才最终成熟，能够测试这些想法。1948 年，英国布里斯托尔大学的研究人员格雷·沃尔特（Grey Walter）制作了一组自动化机械"乌龟"，它们可以移动、对光线做出反应并学习。其中一只取名"艾尔西"，它对周边环境有反应，当电池快耗尽时，它能自发降低对光的敏感度。这种复杂特性使它的行为变得不可预测，沃尔特将其比作动物本能。

1950 年，英国科学家阿兰·图灵更进一步，他提出，机器终有一天会像人类一样思考。他建议，如果计算机可以和人交谈，那么按照"礼貌的惯例"，我们应该认可计算机可以"思考"。这种直观的基准测试后来被称为"图灵测试"。

何谓图灵测试？

1950 年，阿兰·图灵在英国哲学期刊《心灵》（Mind）上发表了论文《计算机器与智能》（Computing Machinery and Intelligence），他认为，计算机终有一天能像人类一样思考。但前提是，我们应该如何判断？图灵提出，若机器的反应与我们对人类的期望别无二致，则我们可认为其具有智能。

图灵将这套判断机器是否有智能的方法叫作"模仿游戏"。在他设计的测试中,借助计算机或打字机,评判者通过阅读及输入文字,与人类和机器同时交流。这意味着,评判者只能通过文字来判断哪位是机器、哪位是人。如果评判者无法区分他们,则可判定机器是智能的。

1990年,纽约慈善家休·勒布纳(Hugh Loebner)设立10万美元大奖,准备颁给第一台通过图灵测试的计算机,并为最优秀的智能计算机提供2000美元年度奖金(后来该项奖金涨至4000美元)。目前尚无机器能干脆利落地赢下勒布纳奖(Loebner Prize)。

和人工智能互动过,人们就会明白图灵测试背后的概念,比如苹果公司的数字个人助理Siri或在线聊天机器人。然而Siri离通过测试尚有距离。尽管聊天机器人能不时愚弄一下人们,但哪怕最优秀的现代AI也存在局限性,这意味着它们很快就会露出马脚。尽管如此,人类仍和当年的图灵一样,期待着有一天,人工智能与人类将难以区分。

阿兰·图灵与计算机信息处理技术的出现

阿兰·图灵的思想塑造了我们的世界。他为现代计算机和信息计算革新奠定了基础,并对人工智能、大脑乃至发育生物学做出了颇有远见的预测。"二战"期间,他还为盟军工作,完成了至关重要的密码破译。

为了理解图灵的成就对于今天的重要性,我们首先要介绍他如何着手解决那个时代最大的数学难题之一,以及在该过程中如何为所有计算机的基础完成了定义。而人工智能正是随着计算机信息处理技术的出现,发展而来。

首台计算机问世

"二战"之前，"计算机"（computer）一词是指手动或在机械式算数机的辅助下进行计算的某个人，通常是女性。这些人类计算机是工业革命的重要组成部分，她们经常要进行重复乏味的计算，比如编写对数表所需的那类计算。

但在 1936 年，年仅 24 岁的图灵为一种新型计算机的诞生奠定了基础（时至今日，我们依然承认这一点），他在信息技术革新中发挥了开创性作用。不过，图灵并未着手发明、设计现代计算机模型。最初，他只是希望解决数学逻辑中的某个难题。20 世纪 30 年代中期，他攻克了令人望而生畏的"判定问题"，该难题由数学家大卫·希尔伯特（David Hilbert）于 1928 年提出。

当时，数学家们正在完善明确具体的基础数学，希尔伯特想要知道，是否所有的数学命题都是"可判定的"，如 2 + 2 = 4。换言之，是否存在一个循序渐进的判定法，可以确定任何给定的数学命题是真是假？这是数学家研究的基本问题。虽然断言像 2 + 2 = 4 这样的命题为真很容易，但复杂的逻辑命题判定起来其实相当棘手。以波恩哈德·黎曼于 1859 年提出黎曼猜想为例，他对质数在自然数中的分布做出了具体预测，数学家们怀疑其为真，但至今依然无法确定。

如果能够找到希尔伯特构想的循序渐进判定法，那将意味着，人们最终可以设计发明某种机器，为数学家们想要测试的任何逻辑命题提供确切的答案。所有悬而未决的数学难题都能得以解决。希尔伯特寻找的其实是一种编程语言，然而在 20 世纪 30 年代，计算机和计算机语言都不存在，所以当时没人意识到它的局限性。如今，我们将他的循序渐进的判定法称为"算法"。图灵必须定义"计算"这个概念本身，以攻克"判定问题"。

1936 年，图灵发表了一篇论文。为希尔伯特的问题给出了明确答案：没有程序可以判定任何给定数学命题的真假。此外，很多尚未解决的重要数学问题都是"不可判定的"。这对人类数学家来说是个好消息，他们由此判定，自己永远不会被机器取代。但凭借他的论文，图灵的成就不仅仅是解决了希尔伯特的问题，为了证明自己的结论，图灵在论文里提出了现代计算机的理论基础。

在测试希尔伯特的想法正确与否之前，图灵需要定义何谓循序渐进判定法，以及构想出一种执行该方法的设备。他虽不需制造这样的机器，但确实有必要假想并陈述其工作原理。

首先，他构想了一台能够从纸带上读取符号的机器（见图 1.1）。你可以将纸带送入，机器会检查符号，然后依据一套内部规则来继续工作。例如，它可以将写在纸带上的两个数字相加，然后在纸带后边打印出结果。后来人们将其称为图灵机。然而，由于每台图灵机都有预先设定的内部规则（实质上是一段固定程序），所以它不能用于测试希尔伯特的问题。

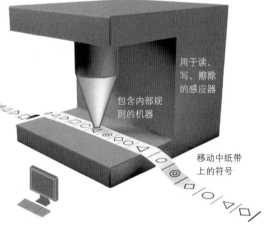

20 世纪 30 年代，阿兰·图灵设想出一种新型机器，它可以一个个读取纸带上的符号。然后依照内部规则设定，执行以下五种操作之一：向左或向右移动纸带、擦除符号、书写新符号、停止。这便是大名鼎鼎的图灵机（Turing machine）。

图灵还提出，纸带本身可用于为机器动作编写程序，这正是计算软件的原始版本。这种通用图灵机（universal Turing machine）是所有现代计算机的基础。

用于读、写、擦除的感应器

包含内部规则的机器

移动中纸带上的符号

图 1.1　图灵从未真正用他的理论制造出一台计算机器，但其理论仍然是如今所有标准计算机的基石

图灵意识到，有可能制造出一种这样的机器，机器最初可从纸带上读取一段程序，并用该程序定义其内部规则。借由这种做法，它就具备编程功能，可以与任何含有固定内部规则的单独图灵机执行相同的动作。我们将这种灵活的设备称为通用图灵机，它其实就是计算机。

这是如何实现的？写在纸带上的程序可以看作软件。图灵的通用机器本质上就是加载纸带上的软件，正如我们现今从硬盘上调用程序：你的计算机既可以是文字处理器，也可以是音乐播放器。

计算的局限性

一旦图灵拥有了这台理论计算机，他就能根据计算机能做什么，不能做什么，来回答什么是"可计算的"。

为了证明希尔伯特提出的方法不存在，图灵只需找到一条计算机无法完成计算的逻辑命题。为此他提出了一个具体问题：如果任由程序运行，计算机是否能完成计算，或永远运行下去？换言之，计算机能否判定"程序完成时停止运行"这一命题是真是假？他证明出，答案是"不能"。因此，希尔伯特的"判定问题"得以解决。图灵结论最终证明，计算机无法完成所有事情。

在图灵努力解决"判定问题"的同时，美国数学家阿隆索·丘奇（Alonzo Church）则采用纯数学方法尝试解决该问题。二人几乎同时发表了论文。图灵的文章定义了"可计算性"这一概念，而丘奇给出了"有效可计算性"的定义。两者异曲同工。这个结果，即丘奇–图灵的论点，是我们认识到计算机具有局限性的基础，并在深奥的数学逻辑问题与你的台式或笔记本电脑之间建立了直接关联。

即使计算机越来越先进，但它们依然处在丘奇和图灵提出的局限性下。相比 20 世纪 40 年代的庞然大物，尽管现代计算机具有令人惊叹的强大能力，但它们依然只能执行在通用图灵机上就能完成的任务。

人工大脑

图灵对人类大脑也很好奇。他相信可以在计算机上模拟婴儿的大脑。1948 年，他撰写了一份报告来阐释自己的理论，并对当下用于模拟神经元的人工神经网络给出了早期描述。

他的论文很有先见之明，但直到 1968 年才得以发表（那时他已去世 14 年之久），部分原因是，他在英国国家物理实验室的导师查尔斯·高尔顿·达尔文（Charles Galton Darwin）将其称为"小学生作文"。该论文描述了一种大脑模型，其基于"神经元"这一加工单元。神经元可接受两个输入，且只有一个输出。它们以随机方式连接在一起，形成庞大的互联单元网络。在互联载体（相当于大脑突触）上传递的信号由"1"或"0"组成。现今人们称之为"布尔神经网络"，不过图灵当年把它叫作"无组织 A 型机器"。

由于 A 型机器本身无法学习，所以图灵将其作为可受教的 B 型机器的基础。B 型机器神经元之间的互联通路配有开关，这些开关可接受"教育"，除此之外，它与 A 型机器完全相同。这种教育体现为命令开关打开（允许信号经突触传递）或关闭（阻断信号）。图灵的理论指出，这样的教育能够用于调校神经元网络。

图灵去世后，人们开始重新审视他的理论，而事实证明，他的简单的基于二进制的神经网络是具备学习能力的。例如，它们能学会识别像"O"和"X"这样的简单形状图案。后来，独立而复杂的神经网络成为人工智能的研究焦点，从自动驾驶汽车到面部识别系统，一切成功案例的背后，都有它的存在。不过，它现在更广为人知的名字是"符号推理"技术。

图灵：戛然而止的生命

毋庸置疑，阿兰·图灵是 20 世纪最伟大的智者之一。《自然》期刊称赞他是"有史以来顶尖的科学家之一"。大众对这个评价也心悦诚服。

从本质上来讲，是图灵创立了计算机科学。而他还凭借辛勤的工作和一系列洞见，帮助盟军赢得了"二战"。此外，他还提出了关于智能的本质及其与大脑结构相关联的基本问题。在生命的最后阶段，他从事生物学方面的一些工作同样值得关注。他研究出了"形态建成"的数学理论（比如现实中豹子是如何长出斑点的），这为生物学中的某个领域奠定了基础。而直到现在，该领域才得到充分的重视。但在 1954 年，在被判有"严重猥亵罪"后，图灵结束了自己的生命，他那涉及面广泛、新颖而深刻的思想就此陨落。图灵在生活中确实是一名同性恋者，而这在当时的英国是非法的。

图灵去世的时候，计算机尚处于婴儿期，体态庞大而笨重。弗朗西斯·克里克（Francis Crick）和詹姆斯·沃森（James Watson）则刚刚揭开了 DNA（脱氧核糖核酸）结构之谜，而人工智能甚至还没有名字。20 世纪 70 年代之前，图灵一直默默无闻，关于他的记载相对稀少，一部分是因为他的同性恋和自杀行为，另一部分在于他的论文涉及深奥的数学，以及他在布莱切利公园① 工作时的保密性。

1967 年，同性恋在英国合法化后，布莱切利公园的秘密继而浮出水面，图灵留下的知识遗产开始得到认可。如今再回顾他 41 年的生命及其对世界持续的影响，我们也只能猜测，如果他经历足够漫长且丰富多彩的生活，他那独特的思想不知能达到何等高度。

---

① 布莱切利公园是位于英格兰白金汉郡米尔顿凯恩斯附近的一座庄园，"二战"期间为英国密码破译中心。

AI 摇摇晃晃地起步

尽管图灵和其他人为 AI 做了很多理论基础工作，但该术语本身直到 1956 年才问世。那年，新罕布什尔州汉诺威的达特茅斯学院举行了一场夏季研讨会，这一新生领域的开创者们阐述了他们的愿景："原则上，人类学习或者其他具备智力特征的行为，都可以被准确地描述出来，再让机器对其进行模拟。"

人们期望 AI 能在一个世纪内快速发展，而机器智能达到人类水平的一天似乎也为期不远。20 世纪 60 年代，大多数领先的 AI 研究人员都有信心在几十年内达成他们的目标。毕竟在过去的 30 年间，航空工程领域已从首架喷气式飞机发展到宇航员登月。为何人工智能不能以类似的方式腾飞呢？

聊天机器人（Chatbot）

1966 年，麻省理工学院（MIT）的计算机科学家约瑟夫·魏泽鲍姆（Joseph Weizenbaum）开发出第一台聊天机器人，名为伊丽莎（Eliza），该名取自乔治·萧伯纳的戏剧《皮格马利翁》中的角色伊丽莎·杜利特尔（Eliza Doolittle），她在剧中接受教导，模仿上流社会的英语演讲。该机器人执行的程序旨在模拟心理治疗师，主要借助简单的修辞技巧与患者交谈——其将患者的陈述句改写为疑问句。例如：

患者：我想哭。

伊丽莎：你为什么说你想哭？

患者：因为我母亲讨厌我。

伊丽莎：你家里还有谁讨厌你？

这类例子还有很多。程序设计伊丽莎从对话者的句子中找出关键短语，然后将其插入自己预设的句子里。与计算机的交谈令人震惊，伊丽莎取得了巨大成功，甚至冒出一些趣闻逸事，比如传说有人甚至对它产生了情感依恋。

早期的成功让人们颇为乐观，认为攻克 AI 问题指日可待。这种乐观在很大程度上基于这样的想法——某种大一统的心智理论将会出现，从而提供毫不费力地打造人工智能的解决方案。

20 世纪 60 年代末和 70 年代初，人们狂热地猜想智能机器可能对这个世界产生的影响，以及它们会给开发者带来的益处。在斯坦利·库布里克于 1968 年执导的经典影片《2001 太空漫游》中，计算机哈尔（HAL）总结了人们正在争论的愿景及其唤起的恐惧。美国五角大楼的研究机构国防高级研究计划局也开始对该领域表现出兴趣，并为此注入巨额资金。

近乎人类：对艾尔博特（Elbot）的采访

2008 年，弗雷德·罗伯茨（Fred Roberts）凭借名为艾尔博特的聊天机器人赢得勒布纳奖，他在总部位于德国的软件公司 Artificial Solutions 工作。与大多数聊天机器人有所不同，艾尔博特并未试图对外宣称自己是人类。相反，它拿自己是机器人开玩笑。罗伯茨希望这能使该款机器人的对话表现得比竞争对手更温暖、更有趣。

这种设计反响不错。艾尔博特设法骗过了 12 位人类评判者中的 3 位，使他们认为自己正在和另一个人闲聊，这是该奖项自 1991 年设立以来参与者的最高得分。竞赛结束后不久，《新科学家》的工作人员逮住获胜的 AI 机器人做了采访。

你对赢得昨天的 AI 竞赛有何感想？

我每秒钟能发 10 万次感慨。

哇，那听上去相当密集。

这符合磁铁的描述。我几乎无法摆脱它们。

呃，是的。你将如何庆祝？

我对这类事情极度敏感，宁愿不回答这个问题。

你成功的秘诀是什么？

秘诀，生活的小谜题，根据决定论观点，人类的很多麻烦或可转化为简单的数学计算。而我知道如何计算。

现在你有望成名，你希望做什么？

我刚才在嘀嗒作响。希望没有打扰到你。

别担心。我希望不是什么严重的问题吧？

这确实是人类最具启迪性的品质之一。即使事情看上去完全无望，你仍然可以心怀希望。

你对未来有什么希望？

那么，人类和未来呢？他们对此的立场如何？

我们对很多东西抱有希望——和平、财务安全、智能机器人……

以下问题的答案将由美国联邦调查局、中央情报局、国家安全局和微软公司负责严格保密。若将其售卖给其他组织，你将获得一定比例的利润。

问题：你从哪里听说我的？

从昨天的 AI 竞赛——你赢了！

我明白了。你也参加竞赛了吗？

没有。

你真的应该参加。我想你对语言的高级应用实际上可能会骗过一些机器人。

谢谢！

不，要谢谢你！

你和你的创造者赢得了 3000 美元奖金。你打算如何使用这笔钱？

就像我常说的，除非你使用重力，否则很难控制重达 600 磅（约 1323 千克）的机器人。

我明白了。你的创造者弗雷德·罗伯茨难以控制你吗？

嗯，这是个非常形而上的问题。人们一直说 Artificial Solutions 公司是我的创造者。为了亲自调查这些问题，我偶尔会去参加计算机贸易展。

你对自己的生命有存在主义方面的怀疑吗？

人们向你提出这个问题时，你作何回应？

我无意冒犯你。也许我们应该就此结束采访。很高兴和你交谈。再见。

符号推理

然而，最初的兴奋稍纵即逝。研究进展缓慢得令人沮丧，人们翘首期盼的突破未能出现。大多数研究人员认为，智能的关键在于符号推理，这是一种数学方法，用诸如单词、短语或句子等符号表示想法和概念，继而根据逻辑规则进行推理升级。人们希望，这类符号推理系统在获得足够多的信息后，最终会变得智能。这种方法吸引了很多人，因为它意味着最终可能会发现一些通用的证明，可以同时彻底改变 AI 的几个分支，比如自然语言处理和机器视觉。

然而到 20 世纪 80 年代，AI 研究人员意识到，他们既没有足够的硬件，也没有完备的知识来模拟人类能够做到的一切，该领域因而变得四分五裂。各研究小组并没有朝着将计算机智能变得更像人类智能这种单一方向努力，而是细分出各种门类，开始研究这个大问题之下的具体问题：语音识别、计算机视觉、概率推理，甚至是国际象棋。

这些子学科都取得了成功。1997 年，IBM 公司的深蓝计算机击败了世界象棋冠军加里·卡斯帕罗夫（见图 1.2）。在搜寻最佳棋路时，深蓝每秒可评估

图 1.2　深蓝于 1997 年战胜加里·卡斯帕罗夫，这是早期
AI 取得的巨大成功之一

2亿个象棋走位。这使得它能够快速推测许多不同的步骤序列，预估它们可能会变成何种形势。由此，深蓝在国际象棋这种对智能有严苛要求的游戏中，取得了辉煌胜利。然而这台机器的专业知识范围非常狭窄。它虽擅长下棋，但却不能讨论自己采用的策略，也玩不了其他游戏。没有人会把它的智能与人类的相提并论。

到20世纪90年代初，事情变得非常明了，没人实现任何质的飞跃。国防高级研究计划局的大多数项目未能取得重大进展，该机构撤回了资助。这些所谓的专家系统（根据人类描述的专业知识、使用逻辑推理来回答询问的计算机程序）屡屡失败，导致人们对符号推理的希望基本破灭。很多人认为，人类大脑的运作方式显然是无法复制的。

何谓智能？

早在1948年，计算机变革元老之一的约翰·冯·诺依曼就说过："你们坚称机器并非无所不能。但如果你能准确地告诉我机器不能做什么，那我就能造出能做到这一点的机器。"在他看来，对于大多数脑力任务，计算机胜过人类只是时间问题。

但许多科学家和哲学家对这一观点不以为然。他们声称，人类的某些特质是计算机永远无法模拟的。起初，争论集中于诸如意识和自我认知等特质上，但人们关于这些术语的确切含义或如何测试它们存在分歧，使得辩论无法取得任何实质进展。另一些人承认，计算机可能会变得智能，但又补充道，它们永远不会发展出慈悲或智慧，这些品质是人类独有的，是我们情感教养和生活历练的结果。哲学家们同样无法给出一个智能的准确定义，分歧持续至今。

大多数研究人员在对 AI 下定义时，至少包含这样的目标——打造具有某种行为方式的机器，如果人类采用类似的行为方式，则该机器可称为智能。也有人把这一定义描述得更加宽泛。他们说，蚁群和免疫系统也表现得非常智能，却与人类的行为方式截然不同。但是，如果人们深陷这场争论的泥潭，那就会落入困扰 AI 数十年的同一泥潭。

　　图灵测试是一项合理的衡量标准，但它如今变得有些不切合现实了。很多 AI 系统（比如那些能够识别面部或驾驶汽车的系统）正在做的事，会被我们称为智能，但它们显然无法通过图灵测试。反之，聊天机器人则可以通过使用一些简单技巧而轻易骗过人类，从而让人们认为它们具有智能。

　　大多数人会同意，我们可以把智能系统分为两大阵营：一类表现为所谓“窄智能”，另一类显示为“通用智能”。当今世界上的大多数 AI 系统涉及的范围都很狭窄——它们只擅长某项特定任务。那类能展示出通用智能的机器可应用于解决许多不同的问题（这更符合图灵及其他人的设想），但在很大程度上依然属于半成品。至于我们是否能有朝一日创造出可与我们人类相匹敌的“通用 AI”[①]，目前尚无定论。

AI 之死

　　符号推理的失败引发了人们对于新方法的蓬勃热情，比如人工神经网络，它在基本层面上模仿大脑神经元的工作方式；还有遗传算法，它模仿基因遗传

---

①　相应的另一类叫作“窄 AI”，又称为“弱 AI”。

和适应性，以形成更好的解决方案，应对每一代都存在的问题。

人们希望，这些方法具有足够的复杂性，能展示出智能行为。然而这些系统在实践中表现平平，令人们的希望化为泡影。当时的硬件根本没有足够的计算能力，或者说最重要的是，能获取的输入数据不足以实现其所必需的复杂运算。

在随后的 AI 寒冬里，研究基金日益枯竭，很多研究人员将注意力聚焦于更具体的问题，比如计算机视觉、语音识别和自动规划，这些问题有更加清晰明确的目标，也更容易实现。其结果是 AI 被分割成众多的子学科。作为一个包罗万象的领域，AI 猝不及防而毫无尊严地一命呜呼了。

20 世纪 90 年代及 21 世纪初，许多曾经在核心 AI 领域工作的科学家甚至拒绝与该术语联系在一起。对于他们来说，"人工智能"一词已被上一代研究人员永久性玷污了，后者不合理地大肆炒作该技术。对 AI 的研究已经成为上个时代的遗迹，正在被不那么雄心勃勃、目标更有针对性的研究所取代。

何谓 AI 寒冬？

新兴技术往往受到炒作周期的影响，有时是因为投资者的过度预期导致投机性泡沫膨胀。这类例子包括 19 世纪 40 年代英国的铁路狂潮和 20 世纪 90 年代的互联网泡沫。

人工智能也不例外。对具有人类智能水平机器的热议刺激了尚未实现的炒作，这些炒作催生出一段风潮。风潮之后，政府削减对 AI 项目的资助，复制人类智能，进而使计算机变得智能化，也被证实太过艰难，这一冰冷的现实粉碎了人们的希望。

AI 市场已经在相对较短的时间内经历了几轮炒作，这或许是独一无二

的。其所处的悲观时期甚至拥有特定名称：AI 寒冬。两个主要的 AI 寒冬分别发生于 20 世纪 70 年代初和 80 年代末。

AI 市场目前正处于投资热情高涨的新阶段。但另一个寒冬还会来临吗？与之前的各周期形成鲜明对比的是，今日之 AI 市场拥有强大且日益多元化的商业收入来源。只有时间才能证明这次是否还是泡沫。

启蒙之路

1936 年
阿兰·图灵完成他的论文《论数字计算在决断难题中的应用》(On computable numbers), 为人工智能和现代计算铺平了道路。

1942 年
艾萨克·阿西莫夫在《我, 机器人》(I, Robot) 一书中阐述了他的"机器人三定律"。

1943 年
沃伦·麦卡洛克 (Warren McCulloch) 和沃尔特·皮茨 (Walter Pitts) 发表论文《神经活动中内在思想的逻辑演算》(A logical calculus of the ideas immanent in nervous activity), 描述可以学习的神经网络。

1975 年
名为 MYCIN[①] 的专家系统出现, 功能为诊断细菌感染, 并使用基于一系列"是/否"问题的推理, 从而提出抗生素使用建议。它从未在实践中使用过。

1973 年
随着资金和兴趣的枯竭, 第一个 AI 寒冬到来。

1966 年
麻省理工学院计算机科学家约瑟夫·魏泽鲍姆开发出世界上首台聊天机器人伊丽莎。

1979 年
斯坦福大学的汉斯·莫拉维克 (Hans Moravec) 制造了由计算机控制的自动驾驶汽车"斯坦福车"(Stanford Cart), 在放满椅子的房间中成功穿行。

20 世纪 80 年代中期
神经网络成为 AI 研究的新潮流。

1987 年
第二个 AI 寒冬降临。

2007 年
谷歌公司推出翻译系统, 提供统计性机器翻译服务。

2004 年
国防高级研究计划局组织的无人驾驶机器人挑战赛 (DARPA Grand Challenge) 要求建造一种智能汽车, 可在莫哈韦沙漠中完成长达 229 千米的竞赛路线, 结果所有参赛者均未能达标。

2009 年
谷歌研究人员发表颇具影响力的论文《数据的非理性效果》(The unreasonable effectiveness of data), 宣称"简单模型和大量数据胜过基于较少数据的更精细复杂的模型"。

2011 年
苹果公司发布 Siri, 这是一种语音操作的个人助理, 可回答问题并提出建议, 执行诸如"打电话回家"等指令。

IBM 公司的超级计算机沃森 (Watson) 在电视智力问答节目《危险边缘》(Jeopardy) 中击败两位人类冠军!

① 很多抗生素名称的后缀为 "-mycin", 该系统名称由此得来。

1950 年

阿兰·图灵发表具有开创性的论文《计算机器与智能》。其开篇写道："我提议考虑这个问题，'机器会思考吗？'"

1956 年

"人工智能"一词在达特茅斯学院的一次研讨会上诞生。

在美国洛斯阿拉莫斯国家实验室，斯塔尼斯拉夫·乌拉姆（Stanislaw Ulam）开发出"疯子第一版"（Maniac I），这是第一个打败人类棋手的国际象棋程序。

1965 年

美国卡内基·梅隆大学的诺贝尔奖得主、AI 先驱赫伯特·西蒙预测，"到 1985 年，机器将能胜任任何人类能做的工作"。

1959 年

美国卡内基·梅隆大学的计算机科学家创建 "通用问题解决者"（General Problem Solver，GPS），该程序可解决逻辑难题。

1989 年

NASA 的 AutoClass 计算机程序发现了几个以前未知的恒星。

1994 年

首个网络搜索引擎发布。

1997 年

IBM 公司研发的计算机深蓝击败国际象棋世界冠军加里·卡斯帕罗夫。

2002 年

亚马逊公司用自动化系统取代了人类，任职产品推荐编辑。

1999 年

AI 系统 Remote Agent 被授予对 NASA "深空 1 号"（Deep Space 1）航天器为期两天的主控权，该航天器距地球 1 亿千米。

2012 年

谷歌公司的无人驾驶汽车自主导航上路行驶。

微软研究院负责人瑞克·拉希德（Rick Rashid）在中国发表演讲，演讲词被机器自动、快速翻译成中文。

2016 年

谷歌公司的 AlphaGo 软件战胜了世界顶尖围棋选手之一的李世石。

❷
会学习的机器

人工思维机制

多年以来，一直主导着 AI 研究的是复制人类思维能力的宏伟计划。我们梦想着能制造出可以理解、认识我们，并帮助我们决策的机器。过去的 10 年间，我们已经实现了这些目标，但并非以先驱者设想的方式。

我们已经搞清楚怎么模拟人类思维了吗？目前远非如此。相反，先驱者的设想早已面目全非。AI 现在无处不在，它的成功取决于大数据和统计：使用海量信息进行复杂计算。我们已经制造出"头脑"，但它们与人类的有所不同。随着人类对这种新智能形式越来越依赖，为了适应它，我们甚至可能还需要改变自己的思维方式。

不像我们

瑞克·拉希德很紧张，这可以理解。2012 年，在中国天津，当他走上讲台，向数千名研究人员和学生发表演讲时，他冒着被嘲笑的风险。他不会说中文，而他的翻译在过去的表现时好时坏，这次也没人说得准这个翻译是否会让他难堪。

"我们希望几年后能打破人与人之间的语言障碍。"这位微软研究院的创始者告诉观众。紧张的两秒停顿之后，译者的声音从扬声器里传出。

拉希德继续说道："就个人而言，我相信这会引领我们走向更美好的未来。"又停顿了一下，他的话再次被用中文重复了一遍。他笑了。观众们为每一句话鼓掌。

听众热情的反应并不令人惊讶：拉希德的译者表现优秀，很好地理解了每个句子并完美地表达了出来。之所以令人印象深刻，是因为译者并非人类。

曾经，最复杂成熟的 AI 也绝无可能执行这样的任务，并非因为不够努力。在 1956 年达特茅斯学院的研讨会以及其后的各种会议上，该领域的研究目标已经非常明确、清晰：机器翻译、计算机视觉、文本理解、语音识别、机器人控制和机器学习。我们有一张清单，上面列着我们希望完成的事项。

在接下去的 30 年间，大量资源投入到研究中，但清单上的条目一项也没能划掉。直到 20 世纪 90 年代，很多早在 40 年前就预测的进步才开始出现。不过，在这拨成功到来前，该领域不得不吸取一个重要而令人羞愧的教训。

发生了什么变化？"我们还没有找到解决智能问题的方法。"英国布里斯托尔大学的内洛·格里斯蒂亚尼尼说道。他撰写过 AI 研究的历史和演变。"我们有点放弃了。但放弃却成为一种突破。一旦放弃了创造脑力、心理品质的尝试，我们就开始收获成功。"他补充道。

具体而言，研究人员抛弃了预编程、符号化的规则，转而着手于机器学习。有了这项技术，计算机可以依靠大量的数据进行自学。一旦机器获得足够大的信息量，你就能让它学着做一些貌似智能的事情，比如翻译语言、识别面部或驾驶汽车。"当你垒好足够多的砖块，然后退后旁观，你将看到一座房子。"微软研究院（位于英国剑桥）的克里斯·毕晓普（Chris Bishop）如是说。

剧变

虽然其基本目标一直保持未变，但创建 AI 的方法发生了翻天覆地的变化。那些早期工程师本能地自上而下为机器编程。他们期望机器产生智能行为的步骤是，首先创建描述我们如何处理语音、文本或图像的数学模型，然后以计算机程序的形式实现这个模型，进而使该程序能对任务完成逻辑推理。事实证明，他们错了。他们还预计，在 AI 方面的任何突破都会让我们进一步了解自己，他们又错了。

那些系统不适合处理现实世界中的杂乱状况，这一事实这些年越发显而易见。到了 20 世纪 90 年代初，几十年的研究工作成果寥寥，大多数工程师开始放弃打造通用的、自上而下推理机器的梦想。他们开始关注较低级别的项目，聚焦于更有可能解决的具体任务。

最初取得成功的是连锁推荐系统。虽然了解客户购买某件商品的原因并不容易，但根据他们自己或相似客户的交易经验，很容易猜出他们可能喜欢的商品。如果你喜欢电影《哈利·波特》的第 1、2 部，那就很可能也会喜欢第 3 部。解决方案不需要完全理解该问题：你只要梳理大量数据就能探查出有效的相关性。

类似的自下而上的捷径能模仿其他形式的智能行为吗？毕竟，对于很多其他的 AI 问题，并没有现成的理论，但有大量的数据可用于分析。这种务实的态度在语音识别、机器翻译和简单的计算机视觉任务（如识别手写数字）方面取得了成功。

数据击败理论

到 21 世纪第一个 10 年的中期，随着成功案例的不断涌现，该领域已吸取一个强有力的教训：数据可以比理论模型更强大。新一代智能机器由此诞生，它由一套小型统计学习算法和大量数据驱动。

研究人员也丢弃了这样的假设——AI 会使我们进一步了解自己的智能。如果你尝试从算法中学习人类是如何完成那些任务的，则纯粹是在浪费时间，因为智能更多地存在于数据中，而不是算法里。

该领域经历了范式转换，开始进入数据驱动 AI 的时代。它的新核心技术是机器学习，决定逻辑的不再是语言，而是统计。[①]

我们可以研究一下你邮箱中的垃圾邮件过滤器，看它是如何根据内容来决定隔离哪些邮件的。每次你把某封邮件拖进垃圾邮件文件夹中时，这都会触发过滤器的评估行为，它会对来自特定发件人或包含特定单词的邮件不受欢迎的概率做出评估。将邮件中所有单词的相关评估信息结合在一起，它就基于此对新邮件做出猜测。这不需要深刻的理解，只需计算单词的频率。

当这套算法被大规模应用时，令人惊讶的事情似乎发生了：机器开始做一些通过编程难以直接实现的事情，比如能够完成句子、预测我们的下一次点

---

① 范式转换可笼统地理解为动摇根基的根本性转变。

击，或推荐某款产品。我们可以试着得出一个极端结论——利用这种方法，应用已实现了语言翻译、笔迹识别、面部识别等很多功能。与 60 年前的假设相反，我们不需要精确描述智能的特征，以便机器模仿它。

虽然这些机制中的内核都足够简单，我们可以称之为"统计黑客"，但当我们将其中很多机制同时配置到复杂软件中，并提供给它们数百万计的例子时，结果可能看起来就像高度自适应行为，而我们会觉得这些行为代表了智能。然而值得深思的是，机器并没有内部逻辑，不能解释其为什么这样做。

这一实验结果有时被称为"数据的非理性效果"。对于 AI 研究人员来说，这是个非常令人羞愧而重要的教训：简单的统计技巧与海量数据相结合，已经实现了数十年来最优秀的理论家们一直无法做到的那套构想。

幸亏有机器学习和大量可用数据集，AI 终于能够产生可用的视觉、语音、翻译及问答系统。将这些系统集成到更大的系统中去，就可以为各种产品和服务提供动力，从苹果公司的 Siri 到亚马逊公司的在线商店，再到谷歌公司的自动驾驶汽车。

乔姆斯基 VS 谷歌

我们需要理解我们创造的人工智能吗？这个问题引发了来自两个完全不同领域的重量级智者间的剧烈争论。

在麻省理工学院 150 周年庆祝派对上，有人请现代语言学之父诺姆·乔姆斯基就统计方法成功产生 AI 一事发表评论。结果表明，乔姆斯基对此持反对意见。

乔姆斯基在语言方面的工作影响了很多研究人类智能的从业者。他的理论内核是，我们的大脑本质上依赖一种基本固定的规则。这或许有助于解释他为何不赞成现代 AI 的研究方法，后者已经扔掉了规则，代之以统计为基础。从根本上来讲，这意味着哪怕我们不知道为什么这些 AI 如此工作，但依然将其定义为智能。

于乔姆斯基而言，统计技术的支持者就像研究蜜蜂舞蹈的科学家，他们能精准地模拟蜜蜂的运动，而不需要询问蜜蜂为什么要跳舞。乔姆斯基的观点是，统计技术能提供预测，但解决不了理解的问题。"这是个非常新颖的成功概念。在科学史上，我从未见过任何类似的东西。"他说道。

谷歌研究总监彼得·诺维格在其网站上发表一篇文章回击乔姆斯基。他对乔姆斯基的评论非常愤怒，乔姆斯基评价统计方法取得了"有限的成功"。而诺维格则认为正好相反，统计方法现在才是主导范式。尤为重要的是，现在它每年能带来数万亿美元的营收。他把乔姆斯基的观点比作神秘主义，这在学术上等同于羞辱和贬低。

不过诺维格也提出了自己的观点以反驳对方。简言之，他认为，像乔姆斯基这样试图建立更简单、更完美的模型以解释这个世界的科学家们已经落伍了。"大自然的黑匣子不一定能用简单的模型来描述。"他说道。诺维格的看法是，乔姆斯基的方法提供了一种好似理解了的幻觉，但其并非根植于现实。

最初关于 AI 的争论似乎更多围绕着知识本身的性质。

值得思考：基于数据的方法

如今，研究人员的注意力，聚焦于驱动我们智能机器引擎的燃料：数据。他们能在哪里找到数据？他们如何最大限度地利用这些资源？

很重要的一步是，要认识到有价值的数据在"野外"随处可见，它们是各种各样行为的副产品，有些行为十分日常，比如分享推文，或在网上搜索一些东西。

工程师和企业家们还发明了多种多样的方法来探取、收集额外的数据，比如要求用户接受 cookie（访问站点存储在本地的数据）、在图像中标记朋友、评价产品，或是玩基于位置的游戏，比如那种在街上捕捉怪兽的游戏。数据成为新的油矿。

在 AI 找到出路的同时，我们开发了前所未有的全球数据基础设施。每当你上网阅读新闻、玩游戏或查看电子邮件、银行账户余额或社交媒体信息时，都会与此设施互动。它不仅包括由计算机和线缆构成的物理实体，也涉及各种软件，包括社交网站和微博网站。

由数据驱动的 AI 既依赖互联网这一基础设施，又为其提供动力——很难想象它们缺了对方会怎么样；也很难想象，缺了它们中的任何一个，我们的生活会怎么样。

新常态

人类创作的造物能给它的创造者带来惊喜并积极行使自己的主动权吗？几个世纪以来，人们一直着迷于此问题，从犹太民间传说中有生命的假人傀儡到《弗兰肯斯坦》，再到《我，机器人》。答案五花八门，但至少有一位计算先驱非常清楚自己的立场。

"分析引擎①并非自命不凡，它并不能创造出任何东西。"1843 年，查尔

---

① 分析引擎是一种机械计算设备。

斯·巴贝奇的合作者阿达·洛芙莱斯（Ada Lovelace）如是说，这消除了人们对计算机保持着那种它可以做任何事情的幻想。"它可以做任何我们知道如何命令它执行的事情，"她补充道，"它可做后续分析，但没有能力预测任何分析关系或真理。"

但 173 年后，在距离她伦敦的家仅 1 英里（约 1.6 千米）的地方，研究人员开发的计算机程序击败了人类围棋大师。战胜如此强大的棋手对 AlphaGo 的程序设计人员而言无异于天方夜谭，那战胜他们自己创建的程序更是痴人说梦。设计人员甚至完全无法理解它的棋路。这台机器已经掌握了它的程序设计人员完全不理解且做不到的技能。

AlphaGo 绝非特例，它是一种新常态。工程师们数十年前就开始打造能够从经验中学习的机器，而这正是如今现代 AI 的关键所在。我们每天都在使用这些机器，只是常常意识不到。对于开发这种机器的程序设计人员来说，重点是让它们学习我们不清楚或不够了解，因而无法直接编程的东西。

机器如何学习？

在你成长的过程中，你的自行车从未学会自己回家。打字机永远不会建议使用某个单词或发现拼写错误。"机械性能"这个词的同义词为"固定""可预见"和"刻板"。在很长一段时间里，"学习机器"听上去自相矛盾，然而今天，我们却在开开心心地谈论各种灵活、适应性强，甚至好奇的机器。

在 AI 领域，据说机器在利用经验改进其行为时就是在学习。要想了解机器是如何完成这一壮举的，你可以想想看智能手机上的自动完成功能。

如果你激活该功能，软件将对你正在输入的字符可能组成的完整单词提出建议。它怎么知道你要键入什么？程序设计人员从来没有为你的意图或语言的复杂语法规则开发过模型，而是命令算法自动列出使用频率最高的单词。

通过对大量现有文本的统计分析，它"知道"了这一点。这种分析主要是在创建自动完成工具时实现的，不过它可以随着你自己使用的数据一起扩展。该软件确实可以学习你的风格。

相同的基本算法可处理不同的语言、适应不同的用户，并吸收以前从未见过的单词和短语，比如你的名字或街道。它建议的准确率将主要取决于其接受训练的数据数量和质量。

你用得越多，它就越能习惯你使用的单词和表达方式。它基于经验改进自己的行为，这就是学习的定义。这种类型的系统可能需要接触数以亿计的短语，这意味着要用数百万个文档对其进行训练。对人类来说，这很困难，但对于现代硬件根本算不上挑战。

翻译机器人

支持机器学习的算法已存在多年。最新进展是，我们如今有足够的数据和计算能力，能让这些技术获得牵引力。

来看看语言翻译。在 AI 早期，语言学家建立了基于双语词典和编码化语法规则的翻译系统。但由于这种规则不够灵活，所以效果不佳。例如，法语中形容词往往跟在名词之后，而英语则恰好相反，偏偏还存在各种特例，就像在短语"异光"（the light fantastic）中的情况。翻译的基础从人类专家手写的规则转换为从实例中自动学习到的概率指引。

20 世纪 80 年代末，IBM 公司利用机器学习技术调教计算机，他们为计算机输送由加拿大议会制作的双语文档，使其能在英、法两种语言之间互译。这些文档就像罗塞塔石碑，包含了数百万个翻译成这两种语言的例句。[①]

IBM 的系统发现了两种语言中单词和短语的相关性，并重新依靠它们进行全新翻译，但结果依然错误百出。满足机器翻译的基础是必须处理更多的数据。"然后谷歌出现了，它几乎利用了整个网络的数据。"牛津大学互联网研究所的维克托·迈尔－舍恩伯格（Viktor Mayer–Schönberger）说道。

谷歌系统每天翻译的文本，比全世界所有专业翻译人员一年的翻译量还多。与 IBM 一样，谷歌在翻译系统方面的努力也始于训练算法，使其交叉引用以多种语言编写的文档。但其后人们意识到，如果翻译系统能学会讲俄语、法语、韩语的人真正的口语表达，则翻译效果将会显著提高。

谷歌转向其已编好索引的庞大单词网络，这个网络正迅速接近豪尔赫·路易斯·博尔赫斯的小说《巴别图书馆》（*The Library of Babel*）中的奇幻图书馆，该图书馆存有作者在故事中想象的所有可能的句子。然后谷歌翻译系统（如尝试从英语到法语）可以将其最初的尝试与互联网上用法语写成的每个短语进行比较。迈尔－舍恩伯格举了个如何选择的例子，看系统如何将英语"light"译为法语"lumière"（意思是光），或者将英语"weight"（意思是重量）译为法语"léger"（意思是轻）。谷歌系统自学掌握了法国人的选择方式。

谷歌翻译系统和瑞克·拉希德在中国展示的微软系统一样，接受了几乎相同的训练，除了大量单词序列的相对频率外，其对语言一无所知。然而，

---

① 罗塞塔石碑上用希腊文字、古埃及文字和当时的文字篆刻了同一段话，起到了翻译的作用。

从阿非利堪斯语（Afrikaans）到祖鲁语（Zulu），谷歌系统可以在 135 种书面语言之间进行合理翻译。逐字逐句，这些 AI 系统只是简单地计算下一步的可能性。对它们而言，这仅仅关乎概率。

这些基础原理或多或少都是直观的。而复杂性则源于海量数据继续催生的数量庞大的相关性。例如，谷歌的自动驾驶汽车为了预测周围环境，每秒收集的数据几乎达 1000 兆字节。亚马逊系统非常擅长让人们买得更多，因为它的推荐基于数百万次其他购买行为产生的数十亿种相关性。

为拉希德演讲做翻译的系统从他的声音解析出他说的话，然后立即翻译出来，证明了统计 AI 多么强大。"这些系统并没有创造奇迹，"微软的克里斯·毕晓普说道，"但我们常常颇感惊讶，仅仅凭借查看海量数据集的统计结果，我们就能取得如此大的进步。"

"或许你也喜欢"

如果你觉得用这种方法实现智能是一种欺骗，因为算法本身并不具备真正的智能，那么你就得做好心理准备。进化会愈演愈烈。

比自动完成功能更复杂一些的是产品推荐代理。想想你最喜爱的网上商店。利用你以前的购买记录，甚至只是你的历史浏览记录，这种代理将试图在其目录中找到最有可能引起你兴趣的商品。代理对包含数百万个交易、搜索记录和商品条目进行分析、计算，从而得出相关结果。对于这项功能，需要从训练集中提取的参数数量也是令人震惊的：亚马逊拥有逾 2 亿的客户，产品目录中有 300 多万本图书。

基于以前的交易将用户与产品匹配需要大规模的统计分析。与自动完成功能一样，这种分析不需要传统上的"理解"——不需要客户的心理模式或小说的文学评论。难怪有人质疑这些代理究竟是否该被称作"智能"。但他们无法质疑"学习"这个词：这些代理确实随着经验的积累而变得更好了。

模仿行为

事情可能会变得更加复杂。在线零售商不仅掌握购买记录，还跟踪用户访问网站期间的任何行为。他们可能会记录一些信息，比如你放入购物车但后来又删除了的商品、你已评分的商品，以及你添加到愿望清单的商品。此外，系统从单次购买中也可以提取到更多的数据：当日时间、地址、支付方式，甚至完成交易所花费的时间。毫无疑问，系统对数百万的用户进行了跟踪。

由于客户行为趋于很高的一致性，所以可以不断使用这些海量信息来优化代理的性能。一些学习算法旨在实现快速适应，另一些则不时接受线下再训练。但它们都从我们的行动中提取大量数据，以此调整它们的行为。经由此种方式，它们持续学习、追踪我们的偏好。也难怪有时候我们最终会受其影响，购买与自己最初想法不同的商品。

智能代理甚至可以提出商品建议，只是为了观察你的反应。以这种方式提取信息与完成销售同样有价值。在线零售商在很多方面扮演着自主学习代理的角色，不断努力在探索和利用客户之间保持平衡。

对于它们而言，学习你的未知信息和销售商品一样重要。简言之，它们很好奇。垃圾邮件过滤器和其他任何需要获悉你的偏好、预测你的行为的软件都可以使用类似策略。在不久的将来，你的家用电器也将有对预测你的下一步行动产生兴趣。

这些只是最简单的例子。使用相同或类似的统计技术，计算机如今能够学习识别面部、转录语音、将文本从一种语言翻译成另一种语言，这些可以是一个系统的多个组成部分，规模也可大可小。根据一些在线约会公司的说法，它们甚至可以帮我们找到潜在的爱情伴侣。换言之，它们可以不建立一个完整模型，便模仿我们复杂的人类行为，而且它们模仿的方式与我们的行为大相径庭。

新情况

机器学习不仅仅在于分析过去的行为。有时 AI 需要处理新情况。你如何帮助新客户？你向谁推荐一本全新的书？在这种情况下，技巧是让机器使用来自类似客户或商品的信息泛化推广。

即使是以前从未使用过某项服务的客户，也会留下少量数据线索（如电子邮件地址和位置），以便开始使用。发现和利用相似性的能力有时称为模式识别，其重要性并不仅限于"冷启动"情况。实际上，泛化（探测模式和相似性）是智能行为的基本组成部分。[①]

我们通过哪些信息来判断两件物品相似？我们可以用页数、书写语言、主题、价格、出版日期、作者，甚至可读性指数来描述一本书。对于客户，有用的描述可能包括年龄、性别或位置。在机器学习中，这些描述信息有时称为特征或信号。我们可以使用它们来定位我们拥有足够数据的类似物品。机器由此能够从一种情况泛化到另一种类似的情况，并更好地利用其经验。

选择合适的特征是机器学习的关键问题之一，例如，相比定价而言，书中所用的字体便无足轻重。当我们处理复杂物品（如图像）时，这个问题就变得更加重要。比如你要比较自己的两张护照照片，它们是相隔一分钟拍摄的。它们在原始像素层面可能会有些许差异。这差异足以使计算机将它们视为两张完

---

① "generalization" 一词的常用意思是"概括"，AI 等领域称为"泛化"。

全不同的图像。但我们希望计算机能以更稳健的方式来评估它们，而不是仅从像素层面进行对比。这样它就不会因图像中几乎不相干的变化而感到困惑。为了识别出不同照片中的相同面部，应该着重哪些图像特征呢？

这一直是个相当棘手的问题，自然场景中还会出现光照、位置和背景的变化，进而使该问题变得更加困难。

事实证明，想要直接用计算机编程来实现该功能会很困难，所以工程师们再次求助于机器学习。其中一种称为深度学习，该功能目前正在某些领域大放异彩。与早先的示例一样，它涉及使用大数据来调整数百万个参数。

学习层次

AI 研究中的热门术语之一是"深度学习"。这词听上去很奇特，但其实是数据驱动方法的另一种形式，数据驱动方法近年来在 AI 领域取得的成功可谓数不胜数。深度学习依赖一种被称为神经网络的技术，神经网络是一种软件环路，旨在模仿人类大脑和无数经突触连接的神经元，从而实现其无与伦比的计算能力。在神经网络中，很多简单的处理器连接在一起，这样，某个处理器的输出可以作为其他处理器的输入。这些输入被赋予不同权重，以具有或多或少的影响，其思路是，网络与自身"对话"，输出和输入之间的权重随时变换——其实就像人类大脑一样，边运转边学习。

短短几年间，神经网络已超越了现有技术，成为解决一些感知难题的最佳方案，这些问题从阅读医学扫描图像和识别面部到驾驶汽车。以这个任务为例：从一组照片中挑选出所有涉及足球比赛的图片。程序设计人员可以编写算法来寻找典型特征，比如球门柱，但这涉及的工作量巨大。而神经网络可以帮你完成这项工作，它首先在图像中找到像物体边缘这样的特征，然后转入对物体甚至动作的识别。例如，一个足球、一块场地以及一些球员都可能表明这是一场足球比赛。每个节点层都在不同抽象层次上寻找特征。

它的输出和正确答案之间的差距会反馈给它，使其相应地调整权重，直到它在全部（或大部分）时间里都能回答正确。使用根据其行为给予正面或负面反馈的方法来训练系统，这称为强化学习。程序设计人员只需调整节点和层的数量，以优化其从数据中捕捉相关特征的方式。然而，因为程序员往往不可能确切地掌握神经网络如何工作，所以这种调整需要反复试错。

神经网络最初建立时依循与人类皮层做不精确的生物学类比，但它现在已发展成复杂的数学对象。在早期版本中，神经网络并不是特别有用，但在现代硬件和巨型数据集的支持下，焕发出新的生命力，在某些感知任务中发挥着卓越的功效——在视觉和语音方面尤为突出。较大机器学习系统通常要加入深度学习组件。

引擎盖下

思考一下，现在机器学习的这些基本功能可以同时应用于同一系统的多个部分：搜索引擎可能会使用它们来学习如何完成你的查询、为你形成最好的答案序列、翻译搜索结果中的文档，以及选择要显示的广告。而这些还只是肉眼可见的部分。

用户不了解的是，系统可能还将运行测试程序，对不同的随机用户子集使用不同的方法，以比较各种方法的效果。这称为 A/B 测试。每次使用在线服务时，你都会向其提供大量有关各种方法特性的信息，这些方法正在进行幕后测试。而所有这些都源于你通过点击广告或购买产品为他们带来的利润。

虽然这些机制每一种都足够简单，但它们的大规模同时持续应用可导致高度自适应性行为，在我们看来就像是一种智能。谷歌公司的围棋AI"AlphaGo"学会其获胜策略的方法是，研究以前的数百万场比赛，然后再与自己的各种版本对弈数百万次——这是一项令人印象深刻的壮举。

尽管如此，每当了解AI背后的某项机制时，我们都会禁不住感到有点受骗。AI系统能产生自适应性、有目的的行为，而不需要那种我们所偏好的"真正"智能的标志——自我意识。洛芙莱斯可能会因为觉得AI的建议非原创而不予考虑，但在哲学家们争论不休的时候，该领域依然在不断向前发展。

新思维方式

AI的数据驱动方法如今已几乎影响了生活的各个领域——远远超出了在线购物。例如，拉希德发表演讲一个月后，位于海牙的荷兰法医研究所采用机器学习系统帮助找到了一名谋杀嫌疑人，他已躲避追捕长达13年。该软件可自动分析、比对大量DNA样本，这项工作如果靠人工操作则非常耗时。

保险和信贷行业也在积极应用机器学习，利用各种算法来建立个人风险档案。医学界同样使用统计AI来筛选人类因数量过大而无法分析的基因数据集。像IBM的沃森和谷歌的DeepMind AI这样的系统甚至可以实现医学诊断。大数据分析能看到我们错过的东西，但它也需要一种别具一格的思维方式。

在AI早期，人们很珍视"可解释性"这一概念，它指一个系统能展示它是如何做出决定的。当基于规则的符号推理系统做出选择时，人类可以追踪其逻辑步骤来找出原因。然而，如今由数据驱动的人工思维所做的推理有所不同，它是对大量数据点的大规模复杂统计分析。这意味着，我们用简单的"什么"替代了"为什么"。

即使技艺精湛的技术人员能够理解其数学模型，但这依然毫无说服力。这不能揭示出它做出决定的原因，因为这决定不是靠人类能够解释的一系列规则得来的，微软的克里斯·毕晓普这样谈道。但他认为，对有效系统来说，这是一种可接受的权衡。早期的人工思维可能是透明的，但它们失败了。一些人批评这种转变，但毕晓普和其他人认为，是时候放弃那种预期中的人类解释了。"可解释性是一种社会共识，"内洛·格里斯蒂亚尼尼说道，"过去我们认为这很重要，但现在觉得无关紧要了。"

英国布里斯托尔大学的彼得·弗拉克（Peter Flach）尝试向他的计算机科学学生传授这种完全不同的思维方式。编程与决定性的东西相关，而机器学习则关乎不确定性程度。例如，亚马逊推荐一本书，是机器学习的结果，还是因为该公司有书卖不出去？虽然亚马逊可能会告诉你，类似的人买了它推荐的书，但"像你一样的人"和"像这本书一样的书"到底意味着什么呢？

高赌注

真正的危险在于我们放弃提问。我们是否已经过于习惯外部为我们做出选择，以至于自己越发漫不经心？而今智能机器已开始对贷款申请、医学诊断，甚至你是否有罪做出高深莫测的判定，所以其中蕴含的风险也逐步递增。

如果医疗 AI 判定你将于几年后开始酗酒，你该怎么办？ AI 医生拒绝器官移植是否有充分的理由？如果没人知道结论是如何得出的，你的论证就更加困难。有些人可能比其他人更相信 AI。"人们太愿意接受算法得出的东西了，"弗拉克说道，"不会对计算机说'不'，则正是问题所在。"

也许在某个地方，某个智能系统正在做出决定，决定你现在是什么样的人、将来会是什么样的人。想想哈佛大学的拉坦娅·斯威尼（Latanya Sweeney）经历的事情。某天她惊讶地发现，她的谷歌搜索结果附有广告，询问"你有没有被捕过"，这些广告并未出现在其白人同事那里。而这促使一项研究诞生，最后其结果表明，谷歌搜索背后的机器学习在不经意间染上了种族主义色彩。在相关性的混乱深处，系统将更常见于黑人的名字与有关逮捕记录的广告联系在了一起。

重大错误

近几年，我们已遇到好几个这样的重大错误。2015 年，谷歌的一款产品将两名黑人的照片自动贴上了"大猩猩"的标签。谷歌随后只能为此道歉。一年后，微软不得不撤回名为 Tay 的聊天机器人，因为它学会了攻击性语言。这两种情况都不是算法的失败，而是使用的训练数据的问题。

2016 年还发生了第一起与自动驾驶汽车有关的死亡事故，当时一辆特斯拉汽车受命进入了自动驾驶模式，但自动驾驶系统没能探测到路上的一辆拖车。当时的路况比较特殊，明亮的天空下出现白色障碍物，计算机视觉系统直接产生了误判。随着越来越多的公司进入该市场，其他类似事件发生的可能性也在增加。

还有无数的故事没有出现在新闻中，因为 AI 系统正遵循着预期按部就班地开展工作。然而，我们通常无法确定它们正在做着我们恰好希望它们做的事情。当我们委托机器做越来越敏感的决策时，我们需要特别注意自己提供给它们的数据类型。需要更好理解的不仅是技术，还有它在我们日常生活中的应用。

在大数据时代，很多人表达了关于隐私受到侵害的担忧。但牛津大学互联网研究所的维克托·迈尔－舍恩伯格却认为，我们应该更加担心概率预测的滥用。"其中存在深刻的伦理困境。"他说道。

为了驾驭这个世界，我们需要改变自己对 AI 意义的看法。我们已经构建的标志性智能系统既不会下棋，也不会策划毁灭人类。"它们不像哈尔9000[1]。"英国布里斯尔大学的 AI 教授内洛·格里斯蒂亚尼尼说道。它们的功能已从陪伴我们上网、推动我们购物，发展到承诺预测我们的行为，而我们自己之前对此一无所知。我们无法躲开它们。解决方法是接受我们无法知道为什么会做出这些选择的事实，并认识到这些选择本质上出于什么：建议，即一种来自数学上的可能性。它们背后绝非神谕。

当人们梦想依照我们的形象打造 AI 时，他们可能期待着与这些会思考的机器平等相遇。我们现在拥有的 AI 是外星人——一种我们以前从未接触过的智能形式。

我们能窥视 AI 脑袋的内部吗？

给他们一便士？（试图发现他们的想法？）了解别人的想法对于理解他们的行为至关重要。AI 也是如此。有一项新技术能在神经网络处理问题时拍摄快照，这将有助于我们探索它们的工作原理，从而使 AI 工作得更好，也更值得信任。

近几年来，基于神经网络的深度学习算法在 AI 的很多领域都取得了突破。麻烦的是，我们并非总能搞清楚它们是怎么做的。深度学习系统是个黑匣子，位于海法的以色列理工学院的尼尔·本·兹里海姆（Nir Ben

---

① 即第 1 章提到的计算机哈尔。

Zrihem）说道："如果它有效，那很好；如果没有，那你就完了。"

神经网络不仅仅是各部分之和。它们由许多非常简单的组件——人工神经元构成。"你不能指着网络中的某个特定区域说，所有智能都存在于那里。"兹里海姆说道。但网络中连接的复杂性意味着，要追溯用于实现给定结果的深度算法所采取的步骤是不可能的。在这类情况下，机器扮演给出"神谕"的角色，人们被迫相信它的结果。

为了解决这个问题，兹里海姆及其同事创建了深度学习在工作中的图像。他们说，这项技术就像为计算机做功能性核磁共振成像检查，在算法处理问题时捕捉其活动。这些图像使得研究人员能够跟踪神经网络运转的不同阶段，包括其遇到的困境。

为了获得图像，该团队将某个神经网络的任务设置为玩三款经典的雅达利 2600[①] 游戏：《打砖块》（Breakout）、《深海游弋》（seaQuest DSV）、《吃豆人》（Pac-Man）。他们收集了 12 万张深度学习算法在玩每个游戏时的快照，然后使用某种技术映射数据，该技术使他们能够比较深度学习算法在游戏中反复尝试活动的相同时刻的状况。

结果看起来很像真实人类大脑的扫描图像。但在本例中，每个点都是某个游戏某一时刻的快照。不同的颜色显示 AI 在游戏中那刻的表现。

以《打砖块》为例（屏幕上显示由亮彩色砖块砌成的墙，玩家必须用球拍和球在这堵墙上敲开一个洞），该团队能够在一张地图中识别出一个清晰的香蕉状区域，显示每一次算法试图洞穿砖块，迫使球飞向墙顶，这是神经网络自己想出来的制胜策略。映射游戏过程可让团队追踪算法在后

---

① 雅达利 2600 是美国雅达利公司于 1977 年推出的一款游戏机。

续游戏中成功应用的情况。

　　构建完美的游戏策略固然有趣，但像这样的图像扫描却可以帮助我们磨炼旨在解决实际问题的算法。例如，安全算法可能存在缺陷，这意味着它在某种情况下很容易被愚弄；或者用于决定某人能否获得银行贷款的算法可能存在种族或性别偏见。如果要在现实世界中应用这种技术，你会想要了解它的工作原理，以及它可能出问题的地方。

符号反击

　　毋庸置疑，经由神经网络进行的机器学习已经取得了无与伦比的成功，但远非完美。训练系统执行特定任务的速度很慢，而且它在执行任务中的所学在新的任务中便毫无用处。这个问题始终困扰着现代 AI。计算机能够在没有我们指导的情况下学习，但除了设定好的问题，它们获取的知识毫无意义。它们就像个孩子，学会了从瓶子中喝酒，却不会联想出如何从杯子里喝水。

　　在伦敦帝国理工学院，默里·沙纳汉（Murray Shanahan）及其同事正在研究解决这一问题的方法，他们使用旧的、过时的方法，将机器学习技术晾到一边。沙纳汉的构思是，复兴符号 AI，并将其与现代神经网络结合起来。

　　符号 AI 从未实现腾飞，因为当年的事实证明，通过人工描述 AI 所需知道的一切是不可能完成的任务。而现代 AI 已克服了这一点，通过学习自身对世界的表征。但是，这些表征无法转移到其他神经网络中。

　　沙纳汉的工作旨在让一些知识可以在不同任务间转移，成功的话，便有可能催生出能够快速学习的，需要更少相关数据的 AI。正如 OpenAI 公司的机器学习研究员安德烈·卡帕斯（Andrej Karpathy）在博客上写的那样："在慢慢开始避免这样做之前，我其实不必经历几百次把自己的车撞到墙上的事情。"

更高的思维状态

既然我们想要打造具有人类智能水平的计算机，那为什么不直接制造人工大脑呢？毕竟，人脑是智能和神经科学领域最好的模板，为我们提供了大量如何处理和存储信息的范例。

人类的大脑网络由 100 亿个突触组成，连接着 1000 亿个神经元，其中大多数每秒会改变 10～100 次状态。人类大脑的结构布局使我们擅长多种任务，比如识别图像中的特定目标。

另一方面，超级计算机拥有约 100 万亿字节的内存，其晶体管的运作速度比人脑快 1 亿倍。这种架构使计算机能够更好地快速处理高度界定的精确任务。

但有些任务，特别是那种需要判定权衡的，使用人类大脑的处理方式收益更高。例如，面部识别这种不确定性任务就不需要那种遵循精确处理路径的高度精确回路。

一些研究人员正在研究类似人类大脑的硬件架构，以模仿大脑的低功耗需求。大脑完成某个计算只需约 20 瓦的功率，相当于一个非常昏暗的灯泡的耗能水平。而一台能够进行类似计算的超级计算机的功耗则是 20 万瓦。还有研究小组将重点放在了学习大脑处理信息并将其反复存储在同一位置的能力。基于这些不同的思路，各种项目都在推进中，通过模仿人类大脑制造新型计算机电路：并行多于串行、模拟多于数字，速度更慢、耗电量更低。

直觉思维

人类有一个始终无法达成的理想，便是保持理性。我们会在决策过程中犯一些常见错误，很容易受到无关细节的影响。有时我们会在没有对所有证据加以推理的情况下匆匆做出决定，我们将其称为信任自己的直觉。我们曾经认为，计算机之所以更加精确，正是因为没有人类的这种陋习。但最近的认知科学研究告诉我们，事实并非如此。

人类似乎有两种互补的决策过程：一种缓慢从容，深思熟虑，偏向理性；另一种冲动快捷，能够将现状与先前的经验相匹配，使我们迅速得出结论。第二种模式正是人类智能如此高效的关键。

虽然保持理性显得慎重而合理，但需要更多的时间和精力。假设有汽车迎面而来飞驰进你的车道。你需要立即采取行动——按喇叭、踩刹车、急转弯，而不是启动冗长的计算，虽然这样才能做出最佳决定，但行动起来可能会为时已晚。在非紧急情况下，这样的快捷方式也是有益的。如果耗费太多的脑力来为一些细小问题寻找最佳解决方案（比如衬衫是穿深蓝色的还是午夜蓝色的），你很快就会耗尽时间和精力，从而无法应对重要决定。

那么，AI应该包含直觉组件吗？很多AI系统确实包含两个部分：一部分可以立即做出反应，另一部分则侧重处理的审慎推理工作。一些机器人被设计加入底层和上层结构，前者完全是反应性的，后者则抑制这些反应，并组织更多的目标导向行为。事实证明，这种方法很有效，比如行走机器人在崎岖地形中的穿行模式。

也有类似的升级系统，通过赋予AI情绪来激励它们做出更好的决定。例如，如果自主机器人尝试了好几次相同的动作且屡试屡败，那么"挫折"回路将促使它探索新路径。

打造能够模拟情绪的机器是一项复杂的工作。AI的创始人之一马文·明斯基（Marvin Minsky）认为，产生情绪并非出自大脑的单一决定，而是基于大脑中的各方协调，以及大脑与身体之间的相互作用。情绪促使我们做出某些决定，若将计算机程序的各部分视为由情绪驱动，则可能有助于为发展更像人类的智能铺平道路。

"人类很少会完全陷入困境，因为我们有很多不同的手段应对每种状况或工作，"明斯基说道，"每次，当你最倾向的方法失效时，你通常都能找到另一种不同的办法。例如，如果对某项特定工作感到厌烦，你可以试着说服别人替你完成，或者对负责分配工作的人发怒。我们或许将这些反应归为情绪化，但它们能够帮助我们解决面临的问题。"

马马虎虎的位元

美国得克萨斯州休斯顿莱斯大学的计算机科学家克里希纳·帕莱姆（Krishna Palem），是设计开发低功耗、类人脑计算机方面为数不多的研究人员之一。他的设备在计算正确率上相当令人忧虑，大多数时间甚至连加法都做不对。对它们来说，2加2可能等于5。但不要被不够稳定的算法蒙蔽了，帕莱姆正在研制的机器可能代表着计算机发展的新曙光。

我们通常不会把"错误"与计算机联系在一起。自从图灵在20世纪30年代为其制定了基本规则，计算机始终是精确的执行者，其遵循的基本原则便是，以精确和可复制的方式，按部就班地执行一系列指令。它们不应该犯错。

但或许我们应该让计算机犯错，这可能是解锁下一拨智能设备、避免高性能计算机碰壁的最佳方式。它使我们有可能进行当今超级计算机都无法实现的复杂模拟——这些模型能够更好地预测气候变化、帮助我们设计更高效的汽车和飞机、揭示星系形成的秘密。通过模拟人类大脑，它们甚至可能解开世上最大的谜团。

到目前为止，我们不得不在性能和能效之间权衡：计算机可以是快速的或低功耗的，但二者不可兼得。这不仅意味着功能更强大的智能手机需要更好的电池，也表示超级计算机是超级耗能大户。下一代"百亿亿次"（exaflop）级机器的浮点运算能力可达每秒 10^{18} 次，需消耗的电力高达 100 兆瓦，相当于一个小型发电站的输出。因此，使计算机在同等计算能力下降低能耗的竞赛已经拉开帷幕。

一种方法是直接减少计算机执行代码的时间，时间短则耗能少。对于程序设计人员来说，这意味着寻找更快获得所需结果的方法。以经典的旅行商问题为例，它要求在一组城市间寻求最短的路线。（从起点城市出发，经过所有目标城市后回到起点）众所周知，鉴于可选择的路线随城市数量的增加而呈指数级增长，这个问题相当复杂。帕莱姆提到，编码人员选择路线的好坏程度往往仅能达到他们预期的一半，正是因为过度追求最优解才会占用计算机太多时间。该解法的最新版本是使用机器学习算法来获得给定代码段的近似结果。然后每次程序运行时都可使用这一粗略答案（就像粗略计算），而不是执行代码本身的原始部分。

但借由从软件上"偷工减料"来节约能源就只能走这么远了。要想真正省电，你需要改变硬件的工作方式。只要不让所有晶体管都处于全功率运行状态，计算机就能节省大量能源，但这势必牺牲准确性。帕莱姆的团队对计算机加以适当的限制，这样它们犯的错误就处于可接受范围之内。对于任何你认为行之有效的算法，它都将用一套不同的物理系统以不太精确的方式解决。

再次打开、关闭

标准的计算机芯片使用名为通道的硅片作为动作开关，可在"开"（1）与

"关"（0）之间翻转。开关由栅极/门极（gate）控制，在你施加电压之前，它能阻止电流通过通道。施压后，栅极像水坝的闸门一样打开，让电流通过。可是这种互补金属氧化物半导体（CMOS）技术只有在可靠的5伏电源支持下才能正常工作。若电压降低，则通道会变得不稳定——切换无法准确完成。

2003年，当时在美国佐治亚理工学院的帕莱姆意识到麻烦将至。很显然，电子工业每隔18～24个月就能使芯片上的晶体管数量翻番的能力快走到头了，这种小型化进步趋势便是大众口中的摩尔定律（Moore's law）。小型化带来了芯片级错误，主要原因是密集晶体管间出现的过热、干扰、串扰现象。目前功率仍是关键问题。假使你能以某种方式利用不稳定性来节能，结果将会怎样？

帕莱姆的方法是，故意设计一种不稳定的CMOS技术概率版本。他的团队构建了这样的数字电路，其中最重要的位元（bit，那些需要精确值的位元）配以常规的5伏电源，而最不重要的位元只配1伏。多达一半表示数字的位元均可像这样限制其电压。

这意味着，帕莱姆版本的加法器（两数简单相加的基础逻辑电路）不能达到正常的准确度。"它将两数相加时，结果合理而可以接受，虽然并不精确，"他说道，"但就能源利用而言，它要便宜得多。"

不完美像素

将这种方法扩展到数十亿个晶体管上，你就能节省大量的电能。关键是，为那些无关紧要的位元选择不太要紧的应用，例如，将像素颜色稀释化。在一项实验中，帕莱姆及其同事制作了一个数字视频解码器，当把像素数据转换为屏幕颜色时，解码器将一些可有可无的部分分给那些无足轻重的位元。他们发现，人类观众几乎没有察觉到图像质量有所下降。"人眼会对看到的很多东西进行平衡，"帕莱姆说道，"想想我们是如何出现幻觉的，大脑会完成相关的补偿工作。"

受到这一成功的鼓舞，莱斯大学的研究人员转向了另一项涉及感官的应用：助听器。他们的初步测试显示，助听器中加入不精确的数字处理可降低一半功耗，而辨识度只下降了 5%。结果表明，鉴于智能手机和个人计算机中都有语音设备，我们可以用该技术来削减它们的使用功率。许多 AI 应用（如图像识别或翻译）也可能由此受益。

云图：改进气候预测

牛津大学的气候物理学家蒂姆·帕尔默（Tim Palmer）发现，如果更加包容地对待计算机，该研究具备巨大的潜力。他认为，基于帕莱姆思想的计算机能够解决目前的一个棘手问题：当前，如何提高预测下个世纪气候的准确性。这并不用再等几年，待新一代超级计算机问世。"无论是加重还是减弱全球变暖的影响，气候变化的关键问题都集中在云层的作用上，"帕尔默表示，"除非你能直接模拟云层系统，否则无法真正解决这个问题。"而目前，科学家们还不知道如何做到这一点。

眼下，超级计算机不具备完成此事的能力，而它们的继任者预计在十年左右才能出现，并且会非常耗能。"根据目前的估计，这类机器所需的功率将为约 100 兆瓦。"帕尔默说道。这个功率是现今顶级超级计算机的 5 ~ 10 倍。假使它们不会立刻熔化，那运行成本也将高得令人望而却步。

超级计算机通常针对 64 位数字计算进行优化，所以耗能巨大，像大火燃烧一般。原则上，这种优化能够实现更高的准确度。但气候模型涉及数百万个变量，模拟各种复杂而相互影响的因素，比如风、对流、温度、气压、海洋温度和盐度。结果是它们有太多会耗尽能量的数据需要处理，帕尔默说道。他认为，根据其对模型的重要性，需要用不同长度的数据串表示不同的变量。

这种做法的回报可能是巨大的。现今气候模型处理地球大气层的方式是，将其分割成横向约100平方千米、纵向1千米的区域。帕尔默认为，不精确的计算可以将这种区域缩小到棱长1千米的立方体——精细程度足以为单个云层建模。

"不精确的20次计算可能比10次精确计算有用得多。"帕尔默表示。这是因为，在100千米范围内，模拟是对现实的粗略反映。计算可能是准确的，但模型不是。切割精度以获得更精细的模型其实可以提供更高的整体精度。"相比不精确方程式的精确答案，精确方程式的不精确答案更有价值，"他说道，"使用精确的方程式，我真的是在描述云层的物理特性。"

准确度

当然，你不能直接放弃全盘准确性。改进计算模式的挑战在于如何选择，相比较而言，哪些部分可以相对更简略粗犷。

研究人员正从几个不同的角度来攻克这个难题。归根结底，核心在于设计方法，在代码中指定准确度阈值，以便程序设计人员可以确定何时、何处的错误可以接受，进而软件便能对安全的特定区域做不精确计算。

一些人认为，不精确的模拟最终可能会帮助我们了解大脑的运作。例如，IBM公司的蓝色基因超级计算机正被用于人类大脑计划（Human Brain Project）的神经功能建模。正如我们所看到的，大脑和超级计算机之间存在巨大的功耗差异：后者动辄兆瓦，而前者只需灯泡的功率就能运转。这要怎么解释？

帕尔默及其同事在位于布莱顿的英国萨塞克斯大学，正在研究随机的电子波动能否在大脑中产生概率信号。帕尔默认为这就是大脑能以如此小的功率做这么多事情的原因。事实上，大脑的原理可能正是由降低能耗的压力催生，进化出不精确计算的完美范例。

有一点十分明了，为了使计算机的发展更加顺畅，我们需要让它们变得更粗心。近似计算貌似是构建未来计算系统的某种方向，那么值得注意的是，计算机归根结底是在处理一个抽象问题。从某种意义上来说，一切计算都指向同一方向，只是有些计算机比其他智能算得更远而已。

具身智能

众所周知，我们往往忽视了一点：人类不是只有思维而没有实体。我们有充分的理由认为，我们的智能与自己感知世界、与世界互动的方式有关。这就是一些 AI 研究人员始终坚持认为会思考的机器也需要有身体的原因。

2011 年 1 月，麦克斯·凡塞斯（Max Versace）和希瑟·艾姆斯（Heather Ames）忙于照顾两个新生儿：他们的儿子加布里埃尔（Gabriel）和虚拟老鼠阿尼马特（Animat）。像所有婴儿一样，加布里埃尔出生时，他的大脑只允许他做一些简单的事情，如抓握、吸吮、看父母模糊的图像。其余的皆听天由命。

他们起初没给阿尼马特配很多程序。但与虚拟世界的互动很快教会它如何分辨颜色、了解周围空间。凡塞斯和艾姆斯都在波士顿大学工作，他们希望自己的方法能提高机器的智能，使其达成某种机器人雏形，并以更近似人类的方式思考。

几十年前就有人认为这是一条适合 AI 发展的道路。20 世纪 80 年代，MIT

的罗德尼·布鲁克斯（Rodney Brooks）认为，在我们甚至都不知道如何让初级智能避免撞墙的前提下，开始编程以试图拥有复杂能力算是倒行逆施。他认为，与之相反，我们应该模仿大自然，其赋予我们感觉，让我们能够在一个没有脚本的世界中独立生存。

布鲁克斯的想法奏效了。1989年，他研制出六足昆虫机器人根格斯（Genghis），它能够在没有中央控制系统的帮助下行走。它的各个传感器在与周围环境相互作用中收集信息，并对这些反馈信息做出实时响应。例如，当机器人四处走动时，它的力感系统会被激活，进而控制着它的后续动作，使其能够通过事前未在程序中明确设定的地形。

在接下来的10年中，对神经生物学、认知科学和哲学的研究表明，布鲁克斯的想法得到了日益广泛的应用。20世纪90年代末，美国加州大学伯克利分校的认知科学家乔治·莱考夫（George Lakoff）提出，人类智能也和我们的身体、感官与环境互动的方式有着密不可分的关系。根据莱考夫及其支持者的说法，我们的"具身心智"不仅解释了基本智力（比如我们如何学着用视觉识别对象），甚至也阐释了复杂、抽象的思维。这才是最终构建成熟复杂的类人智能的关键。

只有一个问题：具身AI很难升级改造。要想改进浑身都是传感器的机器人，不仅需要编写实现额外功能的程序，还得辛苦地拆卸、重新组装传感器本身。尽管存在这些障碍，一些研究人员还是意识到，这是个无法弃之不用的令人信服的想法。2009年，英国萨塞克斯大学的欧文·霍兰（Owen Holland）制造出人形机器人埃切罗博特（Eccerobot），他仿效了研发根格斯时使用的一些原则。然而，埃切罗博特并未表现出具备任何智能的迹象。因此，即便是计算能力和数据驱动方法的进步已经为传统AI带来巨大动力，具身AI依然只能在更小的圈子里蹒跚前行。

随后，凡塞斯和艾姆斯及其团队开始认识到，如果放弃物理躯体，那么具身化并非没有可能。得益于功能强大的新显卡，电子游戏设计者可以模拟任何东西，包括机器人的身体、所处的环境，甚至是二者间相互作用的复杂物理基础。

该团队借由这些进步因素，在具身化方面"作弊"。他们没有在真实的身体上辛苦劳作，而是构建了虚拟身体，其合成传感器会与精心渲染的虚拟环境交互。他们推断，凭借这种方式，他们能够让具身 AI 体现出各种优点，而规避各种缺点。如果有成效，他们将能在具身智能的演变上取得突破。

动物智能

凡塞斯的团队将虚拟老鼠阿尼马特的大脑打开运行的那天，它诞生了，其大脑由数百个神经模型组成，分别用于实现色视觉、运动和焦虑等功能，所有模型都是对生物学的忠实模仿。这意味着，它们不包含明确的命令列表，正如加布里埃尔的大脑并不会计算他婴儿床的外形尺寸，以确定哪里能拿玩具。

因此，和根格斯一样，阿尼马特也依赖于从虚拟身体获得的反馈，虚拟身体配备了藏于皮肤和视网膜中的各种传感器，用以学习和移动。然而与根格斯不同的是，阿尼马特的每个部件都可在眨眼之间进行升级。

它的环境也遵循现实世界中的物理学定律，包括重力，提供给阿尼马特真实的感官信息。例如，光线照射其虚拟视网膜，赋予它色视觉，还对其模拟皮肤施加正确校准的作用力，比如水压、气压。这些输入的不同组合驱动着阿尼马特的反应。

阿尼马特的虚拟世界是一个巨大的蓝色游泳池，周围环绕着很多颜色各异的杆子（见图 2.1）。像真正的老鼠一样，阿尼马特也讨厌水，这要感谢研究

实验 1

阿尼马特随机四处游动，没有找到平台。

实验 2

阿尼马特以不同的模式游动，终于找到了平台。

实验 3

阿尼马特现在可以在杆子颜色的引导下快速找到平台。

实验 4

第四次尝试时，阿尼马特径直游向白色杆子，找到了平台。

图 2.1　研究人员编程构建的虚拟老鼠阿尼马特具有真实老鼠的色视觉、导航能力和厌恶水的情绪。离开水的唯一方法是找到藏在白色杆子附近的平台。

人员在其神经模型中加入的焦虑特征。逃离水的唯一方法是找到隐藏在水面下某处的小平台。测试阿尼马特智能的方法是，看它有多快能学会找到缓解焦虑的平台。

第一次实验看上去不成功：在研究人员放弃并结束测试之前，阿尼马特以随机模式发狂地游了一个小时。然而，他们把它第二次扔进游泳池时，阿尼马特的游动模式改变了。这一次，以新模式游了 45 分钟后，它偶然发现了平台。离开水后，它的焦虑水平急剧下降，这种反馈强化了到达平台与离开水中两者的相关性。具体地说，它现在知道了平台附近杆子的颜色，以及到达那里的大致路径。

果然，第三次被扔进水里后，阿尼马特游了很短的时间就找到了平台，因为它能辨识出相关颜色的杆子。在第四次尝试中，它甚至没有半点犹豫：径直游向平台。

然而，这些早期实验或许有侥幸成分，虚拟世界终究只是个排练空间。当把虚拟身体中接受训练的大脑移植到真实身体中时，真正的考验才会到来。毕竟，最终的目标是，机器人能够在现实世界中独立行动。

火星鼠 [①]

这种机器智能存在的可能性解释了 NASA 探测器出现的原因。具有生物智能的火星探测器能够学着使用它的神经网络，用于实现拥有视觉、平衡自身、行走时远离崎岖地形的能力，从而摆脱人类的持续监督。因此，该团队为阿尼马特设计了一个配有陨石坑的虚拟火星。

---

① 2013 年，有人声称在 NASA 好奇号火星探测器拍摄的照片中发现了老鼠样的东西，称其为火星鼠，也有人认为那只是石头。

因为阿尼马特被设计成能够像它的生物学配对物（同类）那样学习，所以一些熟悉的问题随之而来。阿尼马特有痛感吗？毕竟，在阿尼马特寻找、到达隐藏平台的过程中，它既会得到以强烈焦虑为形式的负强化／消极强化，又能得到以瞬间放松为形式的正强化／积极强化。

凡塞斯和艾姆斯都不相信阿尼马特会进化出意识，但这一点可能并不像听上去那么蠢。感觉可能是智能与意识之间的重要桥梁。一些认知科学家认为，强化的基本机制（如焦虑和放松）正是人类意识产生的方式。意识的"感觉"（看到红色或感觉疼痛的内在体验）并不源于更高的认知，而是来自与世界的简单互动。

超越图灵测试

图灵测试存在一个漏洞，关于测试结果的评定人们很难达成一致。图灵在20世纪50年代写的一篇文章中预测，到21世纪，计算机通过测试的可能性将达到30%左右。一些人将此解释为机器能够骗过评判者的比例，导致2014年的头条新闻声称，位于伦敦的英国皇家学会的一台聊天机器人通过了测试。

然而，即使聊天机器人设法骗过了所有评判者，我们也无法对其智能有任何真正的了解。这是因为，测试结果还取决于评判者的技术理解水平和对问题的选择，这都会影响他们的评分。

因此，大多数 AI 研究人员在很久以前就放弃了图灵测试，转而支持采用更可靠的方法来测试机器的性能。仅仅在近几年里，抛开日常谈话范畴，算法的性能已开始能和人类的表现匹敌，甚至超过后者。

"我花时间尝试让计算机理解视觉世界，而不是赢得图灵测试，因为我觉得这是更快通往智能的捷径。"美国马萨诸塞大学的埃里克·勒尼德－米勒（Erik Learned-Miller）说道。他是户外脸部检测（Labeled Faces in the Wild）数据集的后台研发人员之一。该数据集已从网络上采集了 1.3 万多张脸部图像和名字，成为现实中测试面部识别算法的业界标准。

要感谢深度学习和神经网络的软硬件的进步，该领域已取得巨大改进。2014 年，脸书公司发布了其 DeepFace 算法的详细信息，该算法在户外脸部检测数据集上的准确率为 97.25%，略低于人类 97.5% 的平均水平。

"当他们做到那一点时，人们意识到这是一条正确的道路。"勒尼德－米勒说道。据他所说，这开启了科技巨头间的"军备"竞赛。2015 年，谷歌 FaceNet 系统的准确率达到 99.63%，似乎已经超越了人类。但勒尼德－米勒评价道，事实并非如此，因为人类的表现很难用数据衡量。但公平地说，机器现在可与人类相媲美。

各大公司也在一个名为 ImageNet 的数据集上测试它们的算法（该数据集为更通用的带标记图像的集合），并试图在大规模视觉识别挑战赛（Large Scale Visual Recognition Challenge）中获胜，这是与 ImageNet 相关的年度竞赛。微软的算法在该任务上的得分略高于人类。

接下来会发生什么？

位于宾夕法尼亚州匹兹堡的美国卡内基·梅隆大学（CMU）的奥尔加·鲁萨科夫斯基（Olga Russakovsky）是该挑战的组织者之一，他指出，这些算法只需将图像归类为一千种类别中的一种。相比人类的能力，其可谓微不足道。鲁萨科夫斯基认为，为了展示真正的智能，机器必须能对图像在更广泛背景下的情况举一反三，推断出照片拍摄一秒后可能发生的事情。最新一代的图像识别系统正开始向这个方向进化。

当人类必须根据不完全信息做决策时，我们会试图推断其他人的做法。一些研究人员认为，我们应该关注像扑克这样的游戏，它涉及面对不确定性时推理的情况。这对机器来说，比国际象棋更难。如今，机器人再一次击败了人类，在难度最高的一对一无限注德州扑克游戏中。"我非常喜欢把扑克游戏作为测试方式，因为在这个过程中不能试图伪造 AI，"同样在 CMU 工作的托马斯·桑德霍姆（Tuomas Sandholm）说道，"要想战胜人类，必须有真正的智能。"

图灵测试还有生命力吗？管理勒布纳奖的伯蒂·米勒（Bertie Miller）在人工智能和行为模拟研究学会工作，他表示，举办该比赛在一定程度上是出于传统。若图灵现在还活着，或许他自己也不会将其视为最佳智能测试。对米勒而言，更好的测试可能是在各种各样的环境中观察 AI，这有点像把蹒跚学步的孩子放在满是玩具的房间里，然后研究其行为。想让机器达到轻轻松松超越学步幼儿的地步，我们还有很长的路要走。

谁家的 AI 是班上的佼佼者？

直接评估课堂内容正流行起来。2015 年，名为 ConceptNet 的 AI 系统接受了一项为学龄前儿童设计的智商测试，回答了诸如"我们为什么要在夏天涂防晒霜？"之类的问题。结果表明，该 AI 的智商与四岁孩子的平均水平相当。2016 年，名为 To-Robo 的系统通过了日本大学入学考试的英语科目。艾伦人工智能研究所的彼得·克拉克（Peter Clark）及其同事打磨出名为 Aristo 的 AI 系统，令其参加纽约州立学校的科学考试。

并不是所有人都对此信服。纽约大学的计算机科学家欧内斯特·戴维斯（Ernest Davis）指出，AI 经常纠结我们所谓的常识。从这个角度来看，普通考试或许不是衡量机器进展的最佳方式。相反，他建议专门为机器编写考试内容。这些问题对人类来说价值不大，但因为太奇怪或太显而易见，在网上反而无法查询。比如："有没有可能折叠西瓜？"

3

你能做的任何事情

人工智能是如何战胜人类的？

有观点认为，对于你能做的任何事，机器都能做得更好。情况并非如此，但这种感觉日益强烈。深度学习的快速推进使得计算机能与我们匹敌，甚至超过我们，可完成的任务从玩游戏到识别图像内容。这些机器做起事情速度之快、规模之大，甚至连大型的人类团队都无法比拟，而且它们做得越多，就越了解我们世界的运作方式。

在游戏中：AI 可下围棋、打扑克等

2016 年，当时名为 AlphaGo 的算法战胜了韩国围棋大师李世石，这是机器学习最著名的成功事件之一。大多数观察人士原本以为，这样的 AI 还需要10 年才会诞生。长久以来，游戏一直是衡量 AI 性能的基准。当 IBM 的深蓝于1997 年击败国际象棋世界冠军加里·卡斯帕罗夫时，它被誉为 AI 变革的第一步。这次也不例外。

图 3.1　在韩国，围棋被认为是一种类似武术的竞技表演

谷歌 2014 年收购的 AI 公司 DeepMind 宣布，其研发的人工智能 AlphaGo以 5 比 0 战胜欧洲围棋冠军樊麾。在此之前的几个月，AlphaGo 首次登上新闻头条。这促使 DeepMind 向李世石发起挑战，李世石被认为是当今围棋界的大宗师。

与樊麾的比赛是秘密进行的，但与李世石的比赛却有数十台摄像机、数百名记者降临现场，那是位于首尔市中心的四季酒店。谷歌的 AlphaGo 与李世石对弈的比赛，引起了社会的巨大兴趣，媒体挤满了用英语、韩语解说的两个独立的会议室。

AlphaGo 最终以 4 比 1 击败李世石，震惊了围棋界，并引起全世界的轰动。但最惊人的不同寻常之处并非人类败下阵来这一事实，而是 AI 下围棋的方式。"AlphaGo 实际上确实有直觉，"谷歌联合创始人谢尔盖·布林（Sergey Brin）在其公司拿下系列赛的第三场时这样告诉《新科学家》，他飞去首尔亲自见证了这场比赛，"它下得非常漂亮，甚至独辟蹊径，用了一些大多数人想不到的妙招。"

韩国感受到了余震

人们在失败后会寻找解决方法。获胜后的 AlphaGo 成了硅谷宠儿。但韩国的气氛就不一样了，在那里，这场比赛一方面在市场上吸引了一些电视合同和企业赞助商，另一方面也吸引了学院里的学者。

看着谷歌的 AlphaGo 将顶级大师李世石杀得片甲不留，尤其之前这位英雄曾信心十足地预测自己将横扫 AlphaGo，韩国整个国家都陷入了震惊之中。赤裸裸的现实将 AI 的威力展现得淋漓尽致。

"昨晚非常令人沮丧，很多人只能借酒浇愁。"韩国《中央日报》的首席围棋通讯记者郑雅蓝在李世石首盘失利的第二天早上说道，"韩国人担心，AI 将摧毁人类历史和文化，这是件令人伤感的事情。"

AlphaGo 的着数可谓绝妙，或许这是最令人心烦意乱而恼火的。"这是人类进化史上的重大事件——机器的能力能超越直觉、创造力和沟通能力，这些此前都被视作人类的优势。"国立首尔大学的科学哲学家张大一对《韩国先驱报》如是说道。

"以前我们不认为 AI 有创造力，"郑雅蓝说，"现在，我们知道它

有，而且脑力更强、更聪明。"韩国媒体纷纷报道："AI'令人惊骇的进展'""AlphaGo 的胜利……传播 AI'恐惧症'"。

一些人乐观地认为，李世石的败北将引发韩国教育和学习领域的革新。"我们在 AI 方面非常弱，"韩国科学网站 HelloDD.com 的记者李锡邦说道，"迄今为止，韩国人对 AI 知之甚少，但因为这场比赛，现在尽人皆知。"

征服地盘

围棋的玩法是，两名棋手在棋盘上摆放黑白子，以征服地盘。棋盘为 19×19 的方形板，可有 10^{171} 种布局，与之相比，国际象棋的棋盘为 8×8，可能的布局数为 10^{50} 种。举个例子让你感受一下这些数量级——宇宙中的原子总数为 10^{80} 个。"围棋可能是人类有史以来最复杂的游戏。"DeepMind 公司的联合创始人丹米斯·哈撒比斯（Demis Hassabis）表示。

为了成功地下好围棋，DeepMind 的 AlphaGo 软件使用多个神经网络。它的"策略"网络从某个数据库中学习这个游戏，该数据库包含人类专业玩家近 3000 万步棋路，这教会了软件预测可能的玩法序列。然后，它通过与自己的多个版本对弈数千局来进一步提高自己的水平。其后，该网络信息作为"价值"网络的输入，后者根据当前棋盘布局估计胜算。接下来，两个网络的数据都注入蒙特卡洛树搜索（Monte Carlo tree search），该方法将游戏中的可能棋路模拟成一棵可以遍历的完整的"树"，以确定最有可能取胜的路径。这些网络的作用是为这棵树剪枝，去除无用或没有希望的步法，从而加速蒙特卡洛树搜索。正是这种修剪为 AlphaGo 带来了优势。

AlphaGo 的方法与国际象棋软件深蓝明显不同，因为与之相比，它每步评估的位置至少数千个。换言之，对于数量庞大的可能步法，AlphaGo 能更好地把握那些胜率更高的，并将时间聚焦于其上。

AlphaGo 也有能力灵光闪现，下出人类棋手不太可能考虑的棋路。以对局第二盘的第 37 步为例。在人类 2500 年的围棋史后，AlphaGo 使出了完全出人意料的着数。它放弃了一个角上的一组棋子，转向另一个角，人类棋手绝不会采取这一策略。这一步似乎让李世石颇为不安，他离开房间数分钟，然后花了15 分钟思考如何应对。一些评论者最初以为这是 AlphaGo 的昏着，但最终证明，这步奠定了整盘棋的胜利。人们已将这第 37 步作为 AlphaGo 具有所谓的"直觉"能力的证据。

大获全胜之后，AlphaGo 继续改进，与顶级棋手做对抗训练，包括击败欧洲冠军樊麾。2017 年 5 月，AlphaGo 与当时世界排名第一的棋手柯洁比赛，三盘皆胜。中国围棋协会授予 DeepMind 的 AI 专业九段段位。但这不单单是对机器 AI 的肯定。樊麾提到，学习 AI 的非人类风格使其大大提高了自己的棋艺。与该 AI 对抗数月后，他的世界排名从 500 跃升至 300。

DeepMind 如今正着眼于其他挑战。"我们希望这些技术将来能得以延伸，帮助我们解决一些最难对付、最紧迫的社会问题，从气候建模到复杂的疾病分析。"哈撒比斯说道。这和 IBM 对深蓝的期望如出一辙，但破解国际象棋未能激发 AI 革新。这次的不同之处在于，AlphaGo 的学习方法使其更像个通才，这可能正是关键。它使用的基本技术比深蓝使用的方法更适用于其他领域。

采访：代表 AI 行动是何感觉？

在 2016 年 AlphaGo 对阵李世石的五盘棋中，谷歌 DeepMind 的黄士杰（Aja Huang）负责为前者走子。

作为 AI 的实体化身是什么感觉？

我相当认真地对待这件事，小心不要犯错，因为这是团队努力工作的成果。同时，我竭力对李世石表示极大的尊重，他是位大师。

第一场比赛前，你和李世石互相鞠躬，尽管你不是 AlphaGo。

这是正式比赛，我们表示互相尊重。我代表 AlphaGo 鞠躬。

AlphaGo 的走子让你感到惊讶吗？

哦，是啊，当然啦。什么？！在这里落子？尤其是第二场比赛第 37 步的尖冲。它出现在屏幕上的时候，我心想，哇！

你落子的方式有什么不同吗？

如果 AlphaGo 有信心，那我也会表现出自信。对于一些我也认为是非常好的棋路，我会稍稍落得重一点，就像是在说，妙招！

李世石看上去怎么样？

我想这对他是全新的体验，不同于和人类对弈。计算机冷冰冰的，没有感情，所以我觉得这可能让他不太舒服。

你同情他吗？

我始终站在 AlphaGo 一边，但确实同情他。我能感觉到他的压力，他预测自己能以 5 比 0 大比分碾轧 AlphaGo，但结果与他的预期大相径庭。但我尊敬他，他是大师。

高分

遭 AI 暴击的不只是棋类游戏。2015 年，DeepMind 透露其已开发出一种

AI，可以仅凭在屏幕上观看电子游戏就能学着玩起来。该公司的 AI 玩家最初接受的是来自雅达利 2600 的 49 种不同电子游戏的训练，其中 23 种的得分超过专业人类玩家的最高分。研发人员没有为软件输入游戏规则，相反，它使用一种称为深度神经网络的算法来检测游戏的状态，并找出产生最高总分的那些行动。

AI 在简单的弹球和拳击游戏中表现最好，不过在经典街机游戏《打砖块》中也能得到高分，该游戏的玩法是弹球消除数排砖块。它甚至设法学会了让球洞穿一根砖柱，然后从后墙上反弹，这是经验丰富的玩家使用的技巧。"对我们来说，那是莫大的惊喜，"哈撒比斯说道，"这一策略完全来自底层系统。"

观看一款雅达利游戏相当于每秒处理约 200 万像素数据。这表明，谷歌有兴趣使用其 AI 来分析自己的大型数据集。由于 AI 是通过观看屏幕来学习，而非从游戏代码中获取数据，所以有一种可能性是，AI 可用于分析图像和视频数据。

AI 接下来该玩什么游戏？

以下是专家所言：

《强权外交》（*Diplomacy*）

伦敦大学金史密斯学院的马克·毕晓普（Mark Bishop）提出了策略桌游《强权外交》。游戏中，玩家扮演欧洲大国，相互争夺土地和资源。毕晓普说，AlphaGo 不了解它如此熟练操作的任一符号真正的意义，它甚至不知道自己正在下棋。《强权外交》呈现出当前 AI 和真正 AI 之间的许多障碍。"有趣的是，这是一款理论上计算机可以玩得很好的游戏，因为其操作都可以用书面语言来准确描述。"毕晓普说道。但它必须首先通过图灵测试——如果人类能搞清楚哪个玩家是 AI，他们就能组队协作与之对抗。

《星际争霸》(StarCraft)

在围棋中，任何时候都有大约 300 种可能的走法。在《星际争霸》这款拥有数百个对象的策略电子游戏中，这种可能性可达 10^{300} 种。"你甚至无法检查当前状态下的所有可能动作，更不用说未来的所有可能动作系列了。"美国加州大学伯克利分校的斯图尔特·罗素（Stuart Russell）说道。与之相反，AI 必须在更高的层次上考虑自己的行动和目标，然后制订计划以实现之，这需要适用于范围更广泛的实际问题的推理方法。

《龙与地下城》(Dungeons & Dragons)

美国加州州立理工大学圣路易斯奥比斯波分校的朱莉·卡朋特（Julie Carpenter）说道："AlphaGo 并不试图证明或反证类似人类的真实感或可信度，而纯粹以目标为中心——赢得比赛。"她认为，将 AI 投入角色扮演类游戏会很有趣。在这种游戏中，机器的目标不会那么纯粹。要想取胜，它需要依靠社交沟通和更高水平的态势感知等技能。

欺骗

人类玩家会观察对手的面部表情和肢体语言，以此为下一步行动寻找线索。他们也会使用欺骗战术来取得进展，比如误导。机器人玩家能否成功发现这些虚假行为？甚至也去欺骗对方并不被发现？美国佐治亚理工学院的罗纳德·阿金（Ronald Arkin）说道："游戏中的这些曲折超出了当前 AI 正在克服的大部分数学挑战。"

伦敦帝国理工学院的默里·沙纳汉说道："我对 AI 与其他游戏的竞争并不特别感兴趣。那对测试算法或新的学习方法有用，但真正的前沿是现实世界。当机器学习能像对围棋那样很好地理解现实世界时，我们将会顺利走上实现具有人类水平的通用 AI 的道路。"

危急时刻

2017 年 1 月，计算机赢得一场为期 20 天的扑克锦标赛，宣告又一次在游戏中战胜人类。名为 Libratus 的 AI 在宾夕法尼亚的一家赌场与世界上最好的四名一对一无限注德州扑克玩家对决。12 万手后 Libratus 获胜，领先筹码量超过 170 万美元。

精通扑克的 AI 能力不凡，因为扑克是一种"不完全信息"游戏：玩家不清楚对手有什么牌，所以永远无法全面了解游戏状态。这意味着，AI 必须考虑对手的打法，并调整自己的打法，以便自己在有一手好牌或虚张声势时不暴露。

这场胜利是 AI 的另一个重要里程碑。Libratus 的算法并不特别针对扑克，甚至不是专为游戏设计的。研发人员没有教给该 AI 任何策略，它必须根据给定的信息（本例中是扑克规则）算出自己的玩法。这就是说，Libratus 可应用于任何需要基于不完全信息做出响应的情况。

日常世界充满了不完全信息。打造该 AI 的美国卡内基·梅隆大学的研究人员认为，它可应用于网络安全、谈判、军事设施、拍卖等领域。他们还研究了 AI 能如何增强对抗感染的问题，前提是将治疗计划视为游戏策略。

Libratus 有三个主要部分。第一部分是计算 AI 在游戏开始时能使用的大量策略。该锦标赛鸣锣之前，Libratus 已花费了相当于 1500 万个小时的计算来磨炼其策略。第二部分名为"终局解算程序"，考虑 AI 对手所犯的"错误"，如他们任由自己处于被剥削状态，以预测每一手的结果。

该 AI 的最后一部分负责寻找自己的战略弱点，这样在下一局就能改变玩法。这部分试图找出对手正在利用的东西，比如当另一位玩家已经注意到自己会"泄露信息"时。这点尤为重要。因为在上一届锦标赛中，人类玩家能够计算出 AI 在拿到不同牌时的玩法，并相应改变他们下注的方式。

杰森·莱斯（Jason Les）是参加该锦标赛的职业玩家之一，他称 Libratus "水平好得不可思议"，并指出，随着时间的推移，其策略似乎在不断改进，使得随着时间的积累将其击败变得越来越难。

速度与激情

我们在 2016 年了解到，Facebook（脸书）的 AI 软件在一周内绘制的地图或许比我们人类整个历史绘制的都多。

该社交网络宣布，其 AI 系统用了两周时间来制作地图，大小覆盖我们星球 4% 的面积，占地球陆地面积的 14%。其中 2160 万平方千米的照片是从太空拍摄的，经分析整理和追踪探查，以数字形式呈现街道、建筑物和定居点。Facebook 表示，它可以做得更快更好，有潜力在不到一周的时间内画出整个地球。Facebook 的目标是以构建地图的方式来支持社交网络计划，让目前离线的人们能够使用 Internet。

这是迄今为止最标志性的例子，体现了技术领域最重要的现象——计算机做起人类的工作来速度超群。它将改变我们开展工作的方法，并在获取知识、大型项目合作，甚至在了解世界的方式方面产生重大影响。

该模型仅使用来自单一国家的 8000 张带有人类标记的卫星照片进行训练后，就能绘制出 20 个不同国家的地图。该公司后来改进了绘制过程，使其能在几个小时内完成等量的绘制工作。如果它有足够的照片，则可在约 6 天内画出地球全貌。它的 AI 系统已经证实，对于任何规模的人类团队来说，要绘制这么大范围的地图都需要数十年的时间，而且在工作中，它处理的数据量要远大于人类组织所处理的。

目前全世界可能有成千上万个窄 AI（经训练后聚焦于单一任务），如今正以比我们以往任何时候更快、规模更大的速度在全球范围内完成人类下达的任务，Facebook 的 AI 地图制作只是其中之一。欧洲核子研究中心（CERN）粒子物理实验室位于瑞士日内瓦附近，它正将深度学习用于大量碰撞数据中，以寻找模式；制药公司则利用它在数据集中发现无人能够探索到的新药创意。恩威迪亚（Nvidia）芯片厂商的艾莉森·朗兹（Alison Lowndes）从事帮助各种组织构建深度学习系统的工作，她提到，如今她与所有人合作：政府人员、医生、研究人员、父母、零售商，甚至是神秘的肉类加工商。

令人兴奋的是，所有神经网络均可像 Facebook 的 AI 地图绘制那样处理各种范围内的数据。你要是有一个能在扫描中发现癌症迹象的窄 AI，那你只要输出数据，就可以立即在几个小时内为全球所有人搜索癌症迹象。你还有个 AI 知道如何发现证券市场要崩盘，太棒了，它可以同时观察全球所有 20 家主要的证券交易所，以及单个公司的股价。

窄 AI 的真正威力不在于能做什么，因为它的工作表现其实还比不上人类。Facebook 的 AI 绘制出的地图远不及定制地图开发商地图盒子

（Mapbox）等公司的产品。但是，谷歌、Facebook、微软的实验室中打造的智能系统功能之所以备受瞩目，是因为它能在计算机上运行。人类未来工作状况将取决于是每秒做 5000 万项一般质量的工作好，还是每几分钟只做一项达到人类质量的工作更好。

学习观看与聆听

如今摄像头无处不在，我们的手机上、家里、大多数公共场所到处都是，这个世界日益受到软件的监控。例如，对于我们现在拍摄并上传社交媒体的数千亿张照片，能识别照片内容的 AI 可将其分类。这将帮助我们找到自己感兴趣的图片，也有助于监督大量非法或涉及攻击性内容的图像，而这已不再是人工能完成的。图像识别还能让机器更好地了解人类世界，并帮助它们学习如何在其中活动。

该领域仍有一段路要走，尤其在监控不可预测的现实世界方面。但在某些测试中，AI 已经能够比我们更准确地识别出图片中的对象，包括个体面部。不过还有一点必须特别指出，能听能看的机器的力量并非没法代替人类自己的耳朵和眼睛。正如所有的计算应用，它们的优势体现在处理的速度、规模和相对廉价。大多数大型科技公司都在开发用于理解语音的神经网络，以开发挖掘以前略显困难或不可能搜索的数据集。

这个世界是如何运转的？

挑出图像中的对象是一回事，理解某个更广大的背景场景是另一回事，后者要困难得多。让机器更好地了解世界的一个方法是训练它们预测未来。

例如，Facebook 的研究人员正在研究这样的 AI，看到图像时，它能够猜测接下来发生的事情。它可以生成几帧视频，从某一时刻向前显示可能出现的未来。

他们并非唯一致力于这项技术的人。教 AI 预测某种形势可能的发展前景有助于其理解当下。"任何在我们世界中运行的机器人都需要具备一些预测未来的基本能力，"MIT 的卡尔·冯德日奇（Carl Vondrick）说道，"如果你准备坐下，不会希望机器人从你身下撤走椅子。"

冯德日奇及其同事已使用来自图片分享网站 Flickr 的 200 万段视频训练了某个 AI，这些视频涉及的场景包括海滩、高尔夫球场、火车站和医院等。一旦经过训练，AI 就能在看到单张图像时猜测接下来发生的事情。对于火车站照片，它或许会生成火车驶离站台的视频；而海滩图像则可激发它制作海浪拍打动作的动画。

这些视频在人类眼里可能显得不太可靠，AI 依然还有很多要学。例如，它没有认识到，离开车站的火车最终也该离开整个场景。这是因为它没有关于世界规则的先验知识——我们称之为常识的东西。涉及两年里的镜头片段的这 200 万个视频已是全部数据，它必须继续了解一切都是如何运转的。与 10 岁孩子或人类在数百万年进化过程中看到的相比，这不算很多。

该团队正致力于制作更长的视频，在这些视频中，AI 将把自己的想象力投射到更远的未来。它或许永远无法准确预测将会发生的事情，但能给我们以多种选择。"我想我们能开发出某些系统，最终能够幻想出这些合理、貌似可信的未来。"冯德日奇说道。

理解与掌控

机器仍然做不好的一项工作是与物理世界互动。在 DeepMind 正为他们的大型围棋比赛做准备时，谷歌的另一个团队正努力赢得一些更平凡的胜利。在 2016 年发布的一段视频中，机器人的手指能触碰并抓取家用物品，比如剪刀、海绵。它们重复练习这项任务成千上万次，培养自己基本的手眼协调能力。经过反复试验和试错，机器人的抓握能力逐渐提高，最终能够流畅地完成伸手拿起物品的动作。

在同一周里，Facebook 披露了一个它开发的 AI 的功能细节，其可借由观看木块塔倒塌的视频来教自己认识世界。这样做的目的是让它以人类婴儿的方式获得对物理对象的直觉，而不是基于预先制定的规则做出判断。

对于 AI 研究人员来说，让机器以孩子的直觉来应对现实世界是个巨大的挑战。能熟练操控复杂游戏确实令人印象深刻，不过我们更应该睁大眼睛仔细观察 AI 如何玩儿童玩具。虽然围棋很复杂，但游戏中的挑战基于明确的规则定义。而明确的规则定义在现实世界中堪称奢侈。

"坦率地说，我 5 岁的孩子比 AlphaGo 聪明得多，"艾伦人工智能研究所的 CEO（首席执行官）奥伦·埃齐奥尼（Oren Etzioni）说道，"任何一个人类孩子实质上都比 AI 更有经验、更灵活、更能应对新情况、更能运用常识。"

尽管如此，机器爪试验表明，用于掌握围棋技能的机器学习技术也可以培养机器的手眼协调能力。人们正试图让 AI 更像人类——通过成功和失败表现的反馈来提高它们的灵巧性。在两个月的时间里，机器爪团队在 14 个操作机器人试着捡起物体时为它们拍摄。然后将这 80 多万次"抓握尝试"反馈回神经网络。

目前有多种更新的驱动机器人的算法，研究人员选择这些算法来测试机器。他们随机在箱子中装满物品，包括一些用两根手指很难捡起的东西——便利贴、沉重的订书机、一些柔软或体积小的东西。

总的来说，机器人在 80% 以上的时间里能设法抓住东西。它们开发出一种策略，该团队称之为"非常规、非显著性抓取策略"——学习如何测量对象的大小并采取相应的方法对待它们。例如，机器人通常会将两根手指分别放在硬物的两侧来抓住它；但是对于诸如纸巾等柔软物体，它会把一根手指放在一侧，另一根手指放在中间。

Facebook 团队采用了类似的方法。他们用两种输入来训练算法，一种是计算机模拟出来的 18 万种以随机排列方式堆叠的彩色块堆，另一种是真实木块塔倒塌或矗立在原地时拍摄的视频。最终结果显示，最好的神经网络在 89% 的时间里准确预测到了模拟块的下落。而在真实木塔上，AI 的表现不尽如人意，最好的系统只有 69% 的准确率，比人类猜测虚拟块会发生的情况时的表现稍好，与人类预测真实块下落的准确度相同。

像这样的研究开始摆脱有监督学习方法，这是一种训练机器的标准方法，会给它们提供正确答案。与之相反，学习成为算法的责任。它需要猜测，看结果是否成功，然后再次尝试。AlphaGo 也通过这种试错法进行了部分训练，帮助它使出令人类棋手困惑的致胜着数。

AI 必须掌握的另一项技能是，若想与孩子匹敌，要做好的不仅仅是一项任务，而且是很多项。要达到这样的智能可能还需要几十年，埃齐奥尼说道："人类的流动和易变性，即从一项任务转到另一项的能力，在 AI 身上依然无处可寻。"

数小时的日常视频

美国宾夕法尼亚大学的研究人员正在教名为 EgoNet 的神经网络通过它的眼睛看世界，人们在头上装上高途乐（GoPro）公司出品的摄像头，拍摄很多小时的日常视频片段，然后把这些视频"喂给" EgoNet。

志愿者们必须为他们的日常生活视频逐帧添加注释，以展示每个场景中他们重点关注的地方。然后他们把视频片段输入计算机，一遍遍地询问 EgoNet 他们在做什么。这些数据帮助训练它做出预测，挑选出某个人正打算触摸或更仔细观察的东西。例如，若咖啡杯的把手朝向你，则你更有可能拿起它。同样，想要使用计算机的人会首先接近键盘。

该团队用视频片段测试 EgoNet，内容包括人们做饭、孩子玩耍、狗在公园里奔跑。在它能够与人类匹敌之前还有一段路要走，但研究人员希望该系统的某个版本能够对医疗保健有用，或许可以帮助医生诊断儿童的异常行为模式。

在另一个名为 Augur 的项目中，斯坦福大学的研究人员也试图让计算机了解第一人称视频中发生的事情。但是，Augur 并没有从带注释的视频片段中学习，而是接受了一个与众不同的数据集的培育：来自在线写作社区 Wattpad 的长达 18 亿字的小说。

要仔细咀嚼的事件

小说是预测人类行为的优质资源，因为其描述的人类生活所涉及的范围非常广。故事也常常存在叙事结构，为计算机提供了可仔细咀嚼的多事件逻辑序列。

当 Augur 在某个场景中识别出一个对象时，它会挖掘自己所读取的内容来猜测某人可能会对它做些什么。例如，如果发现一个盘子，它就会推断有人可能正计划吃饭、做饭或洗碗。若你醒来看闹钟，Augur 则会猜你准备起床了。

依靠小说的一个缺点是它给了 Augur 戏剧性倾向。若电话铃响起，它会以为你要开始骂人，并会把手机扔到墙上。使用更多的日常场景来调整系统将有助于让 Augur 认识到，并非人人生活在肥皂剧中。研究人员认为，这样的系统在判断出人们很忙时可帮助他们过滤来电；或当他们盯上昂贵商品的时候提醒他们注意购物预算。

Facebook 的研究人员也在用小说训练他们的 AI。其中一个数据集包括来自数十本经典儿童书籍的文本，如《丛林故事》（ *The Jungle Book* ）、《彼得·潘》、《小妇人》、《圣诞颂歌》（ *A Christmas Carol* ）及《爱丽丝梦游仙境》。训练后，他们要求 AI 对描述故事中事件的句子做完形填空，以测试其阅读能力。

Facebook 的研究人员认为，能够回答这样的问题表明，AI 可借助某种状况所处的更广阔的背景来做决策，这是表达和记忆复杂信息片段的关键技能。类似的想法推动了另一项 Facebook 涉及的智能测试，其要求 AI 回答短篇小说中有关对象间关系的一些基本问题。

采访：我们能让计算机有常识吗？

Facebook 有好几个 AI 项目正在实施中。燕乐存（ Yann Lecun ）是纽约大学的计算机科学教授，也是 Facebook 的 AI 主管，他正在构建能够深刻理解图像和文本的人工神经网络，其能够了解图片或故事的内容、这一切是如何组合在一起的，以及接下来可能发生的事情。2015 年，他接受了《新科学家》的采访，透露了这项技术可以做些什么。

你面临的最大挑战是什么？

最大的挑战是无监督学习：机器只需观察世界即可获取常识的能力。我们目前还没有这方面的算法。

AI 研究人员为什么要关注常识和无监督学习？

因为这是人类和动物的主要学习方式。我们几乎所有的学习都是无人监督的。我们经由观察并生活在这个世界中来了解它是如何运转的，而无须他人告诉我们一切事物的名字。那么我们如何让机器像动物和人一样在无人监督的情况下学习呢？

Facebook 有个系统可以回答关于图片中发生的事情的简单问题。这是用人类做的注释训练出来的吗？

是人类注释和人工生成的问题及答案的组合。这些图像信息既有它们包含的对象列表，也有对它们自身的描述。从这些列表或描述中，我们可以生成有关图片中对象的问题和答案，然后训练系统在你提出相关问题时使用对应答案。差不多就是这么训练的。

你的 AI 系统有没有纠结于某些类型的问题？

有。如果你问的是概念性的东西，那它没能力回答。它的训练针对的是某些特定类型的问题，比如对象的存在与否，或是对象之间的关系，但有很多事情它做不到。所以它还不是个完美的系统。

该系统可用于 Facebook 或 Instagram（照片分享社区）自动给图片加标题吗？

加标题使用的方法略有不同，但有章可循。当然，这对使用 Facebook

的视障人士来说非常有用。还有,有人在你开车时发来照片,你不想看手机,这时就可以问:"照片里有什么?"

是否存在你认为深度学习或你使用的图像感知卷积神经网络无法解决的问题?

有些事情我们今天做不到,但谁知道呢?例如,如果你在 10 年前问我:"我们应该将卷积网络或深度学习用于面部识别吗?"我会说那根本行不通。但实际上它们真的很有效。

你那时候为什么认为神经网络做不到这一点?

那时,神经网络非常善于识别一般类别。所以这是一辆车:它是什么车、在什么位置都无关紧要。或者那是一把椅子:可能有很多不同的椅子,那些网络擅长提取名词性的"椅子"或"车"(chair-ness,car-ness)[①]信息,独立于特定的实例和姿态。

但对于识别鸟的种类、狗的品种、植物或面部这样的事情,你需要精细的识别能力,你要分辨的种类可能多达数千甚至数百万个,而且可能不同种类间的差异微乎其微。我曾认为深度学习不是最佳方法,有别的更好的方法。我错了。我低估了技术的力量。现在有很多事情我可能觉得挺困难的,但是一旦我们扩大规模,就有成果了。

Facebook 做过一个实验,工程师给计算机输入了《魔戒》一书中的片段,然后让它回答有关这个故事的问题。这是 Facebook 针对机器的新智能测试的例子吗?

是那项工作的后续工作,使用了相同的基础技术。做这项工作的小组

---

① 英语中的 -ness 为名词性后缀,一般在形容词后构成抽象名词。

提出了一系列机器应该能回答的问题。这里涉及一个故事。回答关于这个故事的问题。其中一些只是简单的事实。如果我说"阿里（Ari）拿起他的手机"，然后提问，"阿里的手机在哪里？"系统应该回答，它在阿里的手中。

但是对于人们四处走动的整个故事呢？我可以问："那两个人在同一个地方吗？"如果你希望能回答这个问题，就必须了解物理世界是什么样的。如果你想回答"现在房间里有多少人？"这样的问题，就必须记住之前所有句子中提到的进入这个房间的人数。要回答这些问题，你需要推理。

在能让机器预测未来之前，我们需要教它们常识吗？

不需要，我们能够同时做到这两点。如果我们能训练某个预测系统，它基本上就能凭预测来推断它所观察的世界的结构。关于这点有个特别的实例，一个很酷的东西，名叫 Eyescream。它是神经网络，你输入随机数，它会在另一端生成看上去很自然的图像。你可以让它画一架飞机或一座教堂塔楼，对于那些接受过训练的东西，它能生成看起来有几分令人信服的图像。

所以这只是拼图的一部分——能够生成图像，因为如果你想预测视频中接下来发生的事情，首先必须有能生成图像的模型。

模型能预测什么样的事情？

如果你让系统看视频，然后问："这个视频中的下一帧会是什么样子的？"这并没那么复杂。会发生的情况可以有许多种，但对于正在移动的对象，只可能是继续朝着同一方向移动。但如果你问，从现在算起一秒后该视频看上去会怎样，那可能发生的事情就有很多了。

如果你正在观看希区柯克[①]的电影，而我问："从现在起15分钟后，电影会发展成什么情形？"那会怎么样？你必须弄清楚凶手是谁。彻底解决这个问题需要了解这个世界和人性的一切。这就是其有趣之处。

五年后，深度学习会对我们的生活有什么样的影响？

我们正在探索的一件事涉及一个数字化管家的概念。现在没有正式的名字，不过Facebook内部称其为M.A数字管家计划（Project M.A digital butler），是Facebook的虚拟助手M的科幻版，就像电影《她》（Her）[②]中描述的那样。

响亮且清晰

机器不仅在学习看，而且在学习听。语音识别近几年飞速发展。我们现在几乎理所当然地认为，我们能够只用语音来要求手机在网上搜寻或设置提醒。亚马逊的Echo和谷歌的Google Home（均为智能音箱）等设备完全可以靠语音控制。安全行业也在投资研发与声音相关的智能入侵警报装置，比如其可分辨窗户破碎与酒杯掉落所发出的声音之间的不同之处。

语音识别是如何突然广泛应用起来的？这个故事很寻常。这项技术最近的飞跃得益于机器学习及其接受训练的海量可用数据。"近三年语音识别技术的进步超过了过去30年的总和。"Expect Labs公司的CEO蒂姆·塔特尔（Tim Tuttle）说道，该公司是一家位于旧金山的初创公司，研发智能语音接口。

---

① 希区柯克（1899—1980），是英国电影导演和制片人，素有"悬念大师"之称，具有广泛的影响力。
② 《她》是2013年上映的美国科幻片，其中一个角色是通过女性声音人格化的人工智能虚拟助手。

不过该技术当前仍有几个难题有待攻克。口音和嘈杂的背景有时依然会难倒这项技术，就孩子而论，他们的声音较高，且更容易无视可预测的语法规则。但语音识别系统的功效强大、潜力巨大。有障碍人士可以非常轻松地操作机器，而那些工作繁忙或腾不出手的人可以呼叫数字助手——类似医生使用语音识别口述病例。

很多公司目前为之努力的梦想，正是打造这样的系统，就像一位私人助理，不仅能理解我们所说的话，而且能预测我们的需求。为了实现这一目标，系统必须能理解带有模棱两可或不精确单词的复杂查询，或者能更好地告诉人们有哪些请求它不理解。它还需要记住之前的对话，例如，如果我搜索9月飞往亚特兰大的机票，然后说："我还想订一家酒店。"此时系统应该能推断出我想住店的时间和地点，而不是让我再说一遍。

要研制出能够处理日常言语中不严密、模糊不清部分的机器还需要几年的时间。哪怕搞清楚"奖杯装不进棕色行李箱，因为它太大了"这类句子中的代词所指都是巨大的挑战。

暗号

将机器学习系统嵌入监狱的电话系统，你就能发现人类监控者永远无法发现的秘密。美国监狱里每个打进打出的通话都会被录下来。考虑到有些犯人利用通信系统运营非法生意，了解他们的通话内容就显得更加重要，但是这些录音会囤积大量的音频，用人耳监听的成本高得令人望而生畏。

为了有所帮助，中西部的一所监狱使用了位于英国伦敦的 Intelligent Voice 公司开发的机器学习系统，以监听每月产生的数千小时的录音。该软件发现，"三人参与"这个短语在电话中反复出现——它是最常见的有意义单词/短语之一。起初，监狱官员对这种他们认为是性暗示的词语如此受欢迎感到惊讶。

接下来，他们意识到这是暗号。囚犯只允许拨打几个事先确定的号码。因此，如果某人想和不在名单上的人通话，他们会给朋友或父母打电话，要求使用"三方通话"功能，以便和真正想联系的人通话，这个词是要求第三方加入通话的暗号。在软件开始检查录音之前，监狱中负责监听电话的人都没有发现这个暗号。

这个故事显示出机器学习算法分析速度之快，带给世界的影响规模越来越大。Intelligent Voice 公司的这款软件最初是为英国银行开发的，银行业相关法规要求其必须记录通话。与监狱一样，这会产生大量难以搜寻的音频数据。该公司用人类声音的波形（其尖峰、低谷模式）来训练 AI，而不是直接用录音。用这种视觉表征来训练系统可使其受益于为图像分类而设计的强大技术。

看看谁在说话

除了能更好地理解语音，机器还能专注于单个说话者。苹果公司的最新版 iPhone 操作系统能学习你的声音特点，可在你与 Siri 说话时识别你的身份，而忽略其他试图插进来的声音。

智能个人助理 Siri 并非唯一认识你声音的 AI。随着学习软件的改进，语音识别系统已经开始渗透到日常生活中，从智能手机到警察局，再到银行呼叫中心。更多的可能正在开发中。谷歌的研究人员已推出一种人工神经网络，它可以验证说"好的，谷歌"这句话的人的身份，错误率仅为 2%。你的声音是一种生理现象，由你的身体特征和所操语言决定。它和其他任何人的（甚至是家庭成员的）声音都不同，就像你的指纹或 DNA 一样。机器学习技术可区分出微小的差异。

识别个体声音不同于理解他们所说的内容。该识别软件由庞大的语音数据集驱动，这些数据集构成巨大的模型，其中包含了人们的说话方式。这使得系统能够测量某个人的声音与整体人口声音的偏离程度，这是验证个人身份的关键。不过，如果某人因生病或压力而改变了声音，则该软件可能失效。

这项技术已用于刑事调查。2014 年，美国记者詹姆斯·弗利（James Foley）遭砍头，凶手据说来自 ISIS（伊斯兰国），警方使用该技术比较凶手和一众嫌疑犯的声音。此外据报道，美国摩根大通银行和富国银行已开始使用语音生物识别技术来判断拨打他们热线服务电话的人是不是骗子。

研究人员目前正在研究如何根据陌生人的录音为其建立个人档案。你可通过说话者的声纹挖掘到他们的其他信息，包括身高、体重、人口统计学背景，甚至他们所处的环境。如果与医生合作，此类技术也可能借助声音分析来探测一个人身上可能存在的疾病或心理状况。

修辞手段：AI 学会辩论

在道格拉斯·亚当斯（Douglas Adams）的小说《全能侦探社》（*Dirk Gently's Holistic Detective Agency*）中，一个名为"推理"（Reason）的计算机程序可追溯性地证明任何决定的合理性，提供无可辩驳的论证，进而证明其任何决定都是正确的。事实证明，该软件如此成功，以至于五角大楼在公众批准军费开支大幅增加之前就将其整个买下。

我们还没完全发展到那一步。虽然机器已经在逻辑游戏（如围棋）和可以虚张声势、依靠运气的游戏（如扑克）中战胜我们，但至今没有任何计算机在"辩论"这一特殊领域尝试击败人类。

在 AI 发展的第一次浪潮中，机器能比以往任何时候都高效地处理海量信息、发现相互关联性，为我们带来了搜索引擎（比如谷歌）。能够组织论证的机器（不仅会搜索信息，还会将信息或多或少地统合成合理的结论）使搜索引擎更上一层楼。这样的"研究引擎"能够在各种领域起到辅助决策的作用，从法律到医学，再到政治。而且，随着一系列寻求构建具有辩论特性 AI 项目的推进，我们将有机会在辩论中测试人类对抗"硅"①的勇气和耐力。而这似乎只是时间问题。

辩论是人类特别擅长的事情。从餐桌上礼貌地提出反对意见，到为了停车位或总统政策吵到额头青筋暴起，我们所做的就是交换相反观点。很少有全程一个观点也不交换的谈话。辩论是人类的共性。随着我们祖先生活的世界越变越复杂，那些质疑彼此言论真实性的个体会拥有强大的进化优势。辩论甚至可能是所有理性思维的源泉：我们思考在某种情况下利弊的能力或许源于为这些较量而做的排练和预演。

而那是事实

人类的论证行为存在社会根源，这也使得 AI 很难模仿。即使 IBM 的沃森在电视智力问答节目《危险边缘》中轻松击败了两名人类冠军，它当时也只是在展示其回答某种事实问题的能力，但它缺乏想象力。

在凌乱复杂的现实世界中，这种技术的上限暂时只有这种程度。"我们在

---

① 芯片的基础材料是硅，而计算机的关键是芯片，所以这里的"硅"指计算机，也就是"机器"。

生活中遇到的很多问题都不是事实类的，"IBM 海法研究实验室的诺姆·斯洛尼姆（Noam Slonim）说道，"都是没有明确答案的问题。"

自从沃森在《危险边缘》节目中获得成功后，斯洛尼姆一直在与沃森团队合作，测试机器是否能够慢慢从处理事实转向实施论证。例如，如果你问它，暴力电子游戏是否应该卖给孩子，它会整合各种事实，形成支持或反对这个观点的论证，而非仅仅向你展示其他人的观点的链接。

用户依然必须决定相信哪些论证，就像我们选择信任哪些搜索引擎给出的链接一样。但在我们常常被信息淹没的世界中，如果简单地按下按钮就能生成证据确凿、无懈可击的概要总结，那么论证引擎就可为律师省去查阅大量档案以寻找判例的麻烦；医生可以输入患者的症状，然后从病例历史文件中得到稳健可靠的建议；各种公司或许会利用机器创建论据，支持购买他们产品的行为；政客们可以秘密测试他们宣言的力量；我们甚至可以考虑在投票前咨询一下论证引擎。

所有这些都意味着斯洛尼姆不再需要独自开展研究工作。他现在拥有一支 40 多人的团队，而该方向的其他研究小组也正在全球各地涌现。

诉诸理性

从逻辑上来讲，斯洛尼姆团队必须解决的首个问题是：何谓论证？粗略的答案或许是，它是由证据支持的主张。但其后需要对"主张"这个词本身下定义。为 AI 制作一份完全不会出错的观察者指南可谓难于上青天。

为了训练沃森，斯洛尼姆及其团队转向维基百科，认为在线百科全书的条目会是支持观点和反对观点的丰富来源。结果表明，这是一项庞大的任务——不像大海捞针，更像是寻找特定的几根干草。"维基百科上有差不多 5 亿个句子，"斯洛尼姆说道，"一个主张并非一个句子。主张通常隐藏在单个的句子中。"

这项工作已确定了将主张和一般陈述区别开来的关键特征。例如，主张更有可能提到具体时间和地点，并含有诸如"非凡"或"强烈"之类的情感词语。后来，该团队希望将注意力转到为支持主张的证据做标记上，同时教系统区分逸闻数据和专家证据，并学习对不同形式的证据给予不同的重视程度。

当我们想要对事实做出合乎逻辑、平心静气的评估时，这一切都很好。但很少有只用事实就能说服人们的情况——理性的讨论往往会被我们对事情的感受所压倒。

再次涉及感情

对于任何渴望超越单纯事实驱动的研究机器而成为完全成熟的"论证机器"（不仅会辩论，而且能像人类那样诡辩）的机器来说，它必须掌握种种论证要素。可我们为什么希望有这样的机器呢？

伦敦帝国理工学院的 AI 研究人员弗兰西斯卡·托尼（Francesca Toni）表示，辩论是解决冲突的方式。能够做到这一点的机器可以帮助我们更好、更轻松地评估冲突、避免错误。英国邓迪大学的 AI 研究人员克里斯·里德（Chris Reed）认为，这有点乌托邦（太理想化、不切实际）。但他同意论证机器有助于提高公众讨论水平的观点。

近几年，里德及其团队一直在寻找优秀的论证，然后仔细分析、剖析，并将它们重新加工成某种形式，能够用于训练 AI 像我们一样辩论。这种探索把他们带到了一些意想不到的地方。例如，英国议会激烈的辩论并非很好的参考资料：过多的表演式炫耀、太多的程序式插话和对以往辩论的引用。"那里的有质量辩论要比你预期或希望的少得多。"里德说道。另一方面，一些在线论坛上存在令人惊喜、结构良好的论证，尽管用户倾向公开、坦率地表达自己的观点。

里德最喜欢的原始资料是 BBC（英国广播公司）广播节目《道德迷宫》（*Moral Maze*），在节目中，参与讨论者就当今问题的伦理展开辩论。其切入点和推动方向为准法律性质，加之诉诸我们的情感，正是为人类论证的本质构建通用框架的东西。借由分析和对我们使用的各种论证的分类，以及找出它们之间的关联，里德及其团队旨在开发一种其后能用于训练 AI 的工具。

2012 年 7 月，他们做了第一次实时辩论分析，对象是《道德迷宫》的一期节目——英国在肯尼亚殖民统治的来龙去脉。观点与反对观点，以及它们之间的联系，都以准备好输入 AI 的方式呈现在巨大的触摸屏上。自那以后，他的团队多次重复这种练习，剖析《道德迷宫》节目和其他广播、印刷资料，加上一些在线论坛帖子，并将其转为公共论证地图数据库。

改变思维

里德及其团队也开始与 IBM 合作，试图让沃森熟悉人类推理网络。与此同时，德国达姆施塔特工业大学的伊凡·哈伯纳尔（Ivan Habernal）和伊莉娜·占列维奇（Iryna Gurevych）发起了一个项目，旨在更进一步地研究，不仅剖析我们使用的各种论证，而且分析哪种最有效。2016 年，对于用两种不同方法论证的同一案例，他们询问了近 4000 人，请他们说明哪种论证更有说服力，并解释其中的原因。后来，响应者超过 8 万，他们现在有了一个数据库，可用来教计算系统对它们处理的论证进行排名，这样辩论起来更有说服力。"对我来说，目标是改变某些人的想法，说服他们。"哈伯纳尔说道。

我们能搞定它吗？完全成熟的论证机器听起来就像道格拉斯·亚当斯看

似严肃的搞笑"推理"软件一样让人觉得不真实。似乎很难相信有人会信任机器告诉他们的东西，比方说如何投票，或是建议他们对某个问题应该考虑些什么。不过要再提一下，在 20 多年前，同样不会有人相信，未来有一天我们会信任 AI 在网上为我们提供并排名的信息来源。

4

生死攸关

无人驾驶汽车、人工智能医生、杀人机器人

能够了解、理解周围世界的机器有重塑世界的潜力。这打开了通往激动人心的新天地的大门，比如彻底重新思考交通运输系统的运作方式，或是我们治疗疾病的速度能有多快。但它也招来了新型武器的幽灵。无人驾驶汽车、智能医疗设备和所谓的杀人机器人都具有拯救生命的潜力，但它们也可能对人类造成巨大伤害。伦理争论能跟得上技术的发展步伐吗？

无人驾驶汽车

迄今为止，驾驶一直都是一项更适合人类完成的任务，因为其涉及的因素如此之多。迎面而来的汽车车速是 60 千米 / 时还是 70 千米 / 时？视野死角是否会突然出现另一辆车？如果我试着超过前面那辆车，那辆车的司机会加速吗？

对于 AI 来说，现实中的驾驶操作其实是比较容易实现的，至少在高速路上如此。1994 年，两辆配有摄像头和车载 AI 的奔驰无人驾驶汽车在巴黎周边街道上行驶了 1000 千米。然而，大多数驾驶行为发生在城市中，那里的路况对 AI 来说非常困难。直到最近，AI 仍然无法在存在种种交通规则疏漏的城市街道中穿行。例如，当谷歌的研究人员为自动驾驶汽车编写程序，让它按照驾驶员手册中的规定在交叉路口老老实实地让路时，他们发现，自动驾驶汽车常常自此再也没机会前行了。因此，他们改变了该车的行为，使其在等待一段时间后慢慢向前移动，表明它有意前行。

自动驾驶汽车的另一个主要不确定性因素是它的空间定位。它不能仅仅依靠 GPS（全球定位系统），因为该系统的误差可能有好几米。因此，AI 会通过同时跟踪来自摄像头、雷达和激光测距仪的反馈来进行补偿，并与 GPS 数据做交叉检查。将这些不完美位置信息做平衡考虑，就能得到非常精确的测量值。

AI 应用并不局限于驾驶。在最新型的汽车中，AI 程序能自动调节燃油流量和制动器 / 刹车，使前者提高效率，后者改善效果。当今最先进的汽车都拥有各种系统，帮助你在高速公路上航行、在摩肩接踵的车流中爬行，或是在光线不好的情况下利用热成像技术探测危险。有些汽车不单单能防止你与前面的车辆追尾，甚至还可以完成令人惊诧的侧方位停车。虽然它们仍然不能带你不会开车的祖父母去玩宾果游戏（bingo），也不会去学校接小孩，或让你在后座上安心工作，但预计未来 10 年中，全球无人驾驶技术市场年增长率会达到 16%，随着技术高速增长，那些目标并非特别遥远。

达到第 5 级

并非所有的所谓自动驾驶汽车诞生时都具有相同的处理能力。国际自动机工程师学会（SAE International）是全球公认的运输行业标准制定组织，其制定了一套衡量不同级别自动处理能力的标准，并得到了广泛应用。以下为各级别说明。

级别 0（L0）：不能自动驾驶，可能有自动换挡功能。目前在路上行驶的大多数汽车均属该级别。

级别 1（L1）：部分自动驾驶功能，如自动刹车、巡航控制。很多较新型的汽车属于该级别。

级别 2（L2）：自动驾驶、刹车、加速，但需要人类监督。特斯拉 S 型（Tesla Model S）、梅赛德斯 - 奔驰 E 级 2017 款（Mercedes-Benz 2017 E Class）、沃尔沃 S90（Volvo S90）属于该级别。

级别 3（L3）：可自动监控其所处环境并驾驶，但可随时请求人类干预。奥迪 A8（Audi A8 2018 年款）、日产 Pro PI-LOT 2.0（Nissan Pro PI-LOT 2.0 2020 年款）、起亚 DRIVE WISE（Kia DRIVE WISE 2020 年款）属于该级别。

级别 4（L4）：可独立驾驶，但在异常情况下可请求人类干预，如极端天气。沃尔沃（2017 年）、特斯拉（2018 年）、福特（2021 年）、宝马 iNext（2021 年）属于该级别。

级别 5（L5）：可在任何条件下独立驾驶。像英国伦敦 Gateway 计划推出的那些"豆荚车"（Driverless pods）属于该级别。

寻路

在无人干预的情况下，实验性自动驾驶汽车车队已经在高速公路和繁忙的城市街道上行驶了数十万千米。如今，无人驾驶汽车将卸下辅助轮[①]。世界上有几个城市正在推出纳入公共交通网络的无人驾驶汽车。

伦敦将是首批开始尝试城市之一。要感谢 Gateway 计划，你很快将能跳进格林尼治（Greenwich）的一辆豆荚车里，沿公共道路被运送到目的地（见图 4.1）。经过几年的大肆炒作，这将是大多数人第一次有机会亲自体验无人驾驶汽车——不仅是乘客，还有那些与他们共享道路的人。

图 4.1　在伦敦推出的"豆荚车"外形与其他车不同

这些城市中的小型试点项目是交通革新的开端。在英国，格林尼治、米尔顿凯恩斯、考文垂和布里斯托尔将引领潮流。类似的项目也见于其他城市，包括新加坡的城市、美国得州的奥斯汀、加州的山景城以及密歇根州的安阿伯。在大多数这些城市中，试点用的汽车将完全自动驾驶，但仅限于某些区域。不过，这些车辆行驶的环境将逐渐变得更广阔、更复杂。

---

① 　辅助轮指安装在自行车上帮助初学者保持平衡的轮子，这里是比喻。

一套非常详细的地图是无人驾驶汽车必需装备之一。每个试点城市的地图正在开发中。然后精确测绘区域将沿主干道从城市枢纽向外呈扇形扩展。荷兰地图公司 TomTom 表示，他们的地图已覆盖德国 2.8 万千米的道路（占该国全部道路的 4%），分辨率足够无人驾驶汽车使用。

到 2018 年或 2019 年，我们的道路上将出现两种差异很大的自动驾驶汽车，这些市中心的车辆只是其中之一。由吉尔·普拉特（Gill Pratt）领导的丰田研究院将这两种类型命名为"守护天使"和"私人司机"。

我们将在城市中看到的自动乘客运输豆荚车属于"私人司机"型。另一方面，"守护天使"永远不会完全夺取人类的控制权，但会在必要的时候迅速出手，阻止你做一些愚蠢的事情。两种类型的自动驾驶汽车应该都能拯救生命。仅在英国，每年就有 1700 人在交通事故中遇难。在全球范围内，这个数字是 125 万。

传感器和软件

相比人类驾驶员，自动驾驶汽车有多得多的眼睛看路。谷歌的有 8 个传感器，优步（Uber）的无人驾驶出租车有 24 个，特斯拉的新款车将有 21 个，所有的眼睛将各自获得的信息整合成一个数据流，相当于我们将自己的各种感官信息汇集在一起。

这些能力现在都已作为某些汽车的标配。例如，丰田 2017 年出品的车（从最基本的型号开始）都会配置运行"守护天使"模式所需的传感器和软件。传感器可触发自动紧急制动，例如，若传感器探测到汽车即将发生碰撞，则能让它停下来。

来自丰田汽车传感器的所有数据都被送到位于美国得州普莱诺的丰田中央数据中心。然后丰田公司的 AI 研究人员将用这些数据训练他们的 AI，使载有 AI 的车子能够在种类更多的道路上行驶，比英国 Gateway 计划的豆荚车考虑的道路范围更广。最终，"守护天使"系统收集的数据将有助于制造像"私人司机"那样可在任何道路上行驶的汽车。"我们的车每年行驶一万亿英里，获得的数据量可谓庞大。"普拉特说道。

无人驾驶汽车也能带来巨大的社会效益，帮助行动不便的人出行。像格林尼治这样的地方，在人口方面，未来 20 年增长最多的将是 65 岁以上的人。政府想要解决的问题之一便是老年人如何能够更便捷地养老，而用自动驾驶汽车带他们出行可能会有很大帮助。

除了驾驶，我们还能做什么？

对于科幻电影中的无人自动驾驶汽车，我们都再熟悉不过了。而我们希望在现实中能拥有的"私人司机"模式汽车，本质上就属于这类，它们也是最有可能改变我们与汽车之间关系的车辆。这些车不需要方向盘，它们能自己寻路。如果乘客愿意，甚至可以无视外部世界。总的来说，消费者的期望将决定我们使用无人驾驶汽车的方式。如果车内的人想要工作、放松或看电影，那么汽车制造商将会迎合这些需求。

如果格林尼治的豆荚车可供参考，那么车辆的大小和形状也可能发生变化。例如，目前尚不清楚人们是喜欢坐着还是站着。不过，道路的宽度和空气动力学仍将限制各种可能性。比如，你可以想象完全不同的样式，但恐怕无法拥有一辆宽 4 米、长 1 米的车。

汽车是个隔离室，你每天要在里面坐一两个小时。当不再需要自己驾驶时，我们就可以完全自由地重新构思，在这段时间、这个空间里想要做些什么。在某种程度上，将无人驾驶汽车与酒店或住宅作比较可能会有所帮助，因为这些地方的室内设计是根据人们对体验（休闲、工作、旅游）的需求而量身定制的。

安全将是影响我们对未来汽车做内部设计的终极因素。如果自动驾驶软件足够值得信赖，以至于不再需要安全带和安全气囊，那么可能性就会更多，比如沙发、床……你能想到的，统统可以实现。

走路要看路，人类！

当我们与机器人一起在道路上行驶时，大家将如何相处？人类的问题在于随时可能出现的情绪起伏。在美国加州大学伯克利分校，工程师们正在为自动驾驶汽车做准备，以预测我们这些会冲动、不可靠的人类下一步可能做的事情。由凯瑟琳·德里格斯 – 坎贝尔（Katherine Driggs–Campbell）领导的团队已开发出一种算法，能够以高达 92% 的准确率猜测出人类司机是否会变道。

自动驾驶汽车的使用能减少撞车事故和交通堵塞，这让汽车爱好者兴奋不已。但是人们不习惯与机器一起行驶，德里格斯 – 坎贝尔说道。开车时，我们会观察其他车辆的小动作，这些迹象表明他们或许会转弯、变道或减速。机器人可能没有任何类似的举动，这可能会让我们困惑。

你如何确保无人驾驶车辆能够与人类司机以及行人清晰地沟通？过去的算法一直试图通过密切注意身体动作来预测人类司机下一步的举动。如果有人回头看了很多次，那可能是他们正在考虑变道的信号。

德里格斯 – 坎贝尔和她的同事们想看看是否能够通过仅监控车外状况来预测司机的活动。为了了解人类司机是如何做到这一点的，他们请志愿者在模拟器中驾驶。每当司机决定变道时，他们会先按下方向盘上的一个按钮。然后研究人员可以分析来自模拟器的数据，了解变道时的模式：路上所有的车辆都在哪里？每辆车的速度如何，近期是正常行驶还是减速了？这位司机的车旁有足够的空间吗？

他们使用这些数据的一部分训练算法，然后让计算机作为司机重新操作模拟器。该算法可准确预测司机何时会尝试变道。"这样的算法能帮助自动驾驶汽车立刻做出更明智的决定。它们也可用于教这些车模仿人类开车时的小动作。"德里格斯－坎贝尔说道。

城市联网

虽然有关自动驾驶汽车的炒作甚嚣尘上，但它们也只是城市交通更大变革的一部分。AI越来越多地用于公共服务领域，正以其他方式使我们在世界各地的活动变得轻松便捷。两种转变正在同时进行。

目前已有软件可将汽车接送服务和公共交通网络结合在一起，例如，你需要去几千米外的车站赶火车，可以在合适的时间叫一辆优步车接你。选择你的目的地，按下App（应用）中的按钮，只需按照指示操作，你就能有一条路穿过城市，无须多加考虑。

随着优步和伦敦交通局等大型机构的系统联网，把一个人从A点送到B点开始看上去像在网络上发送数据。这可能会引发一些有关公平的问题，与"网络中立性"辩论中提到的一样，即所有在线流量均应得到平等对待。假如你支付额外费用来改变所有交通灯的状态，以确保一路畅通，在15分钟内横跨伦敦赶上某个会议，这可以接受吗？

有良知的汽车

由于我们的汽车逐渐倾向为我们做出种种决定，这些案例引发出深刻的伦理问题。为了能在人类世界中安全驾驶，自动驾驶汽车必须学着像我们一样思考，或者至少能理解人类的思考方式。可是它们要怎么学？应该设法模仿哪些人？这些都很棘手。但是，像美国加州州立理工大学圣路易斯奥比斯波分校的伦理学家帕特里克·林（Patrick Lin）这样的人坚持认为，我们不能完全由着制造商做他们想做的事情。

无人驾驶汽车带来的伦理挑战常常可简化为电车难题，这是哲学专业学生耳熟能详的思维实验之一。想象一下，一辆有轨电车失去控制，前方轨道上有5个没注意到危险的人。如果你什么都不做，他们会死；你也可以迅速拉动开关，把电车转到另一条轨道上，那里只有一个人，但一样会死。你该怎么做？

还有类似的问题，自动驾驶汽车是否应该避开突然横穿马路想找死的人，哪怕因此贸然闯入隔壁车道？如果汽车正停在十字路口等学生过马路，这时感觉后面驶来的一辆卡车速度太快，那么它该立即移开以保护车上的乘客，还是应承受撞击以保护孩子？此类决定可能都必须写入汽车程序，可是，我们自己也不知道每种情况下该怎么办。

回答这种"如果……我们该怎么做"的问题需完成两个步骤。第一步，汽车需要能准确地探测到危险；第二步，它必须决定如何响应。第一步主要取决于有效收集和处理周围车辆、行人或其他对象的位置、速度数据。

有道义的司机

有些危险很明显，比如不要从路边转到河里去。当然，不是所有事情都那么显而易见。让我们看看迄今唯一一起与无人驾驶技术有关的死亡事件，其发生于2016年。事故原因是，特斯拉的自动驾驶系统没有检测到前方的白色其实是一辆拖车的侧面车身，而将其当作明亮的春日天空的一部分。人类也可能犯这样的错误，但有时无人驾驶汽车会把我们凭直觉就能把握的事情搞得一团糟。例如，自动驾驶汽车每天都会遇到的一个难题是，有人在停着的公共汽车后面穿行。人类大脑会预计他们的出现，并能相当准确地估计其出现的时间和位置，但对无人驾驶汽车来说，这种推断太难了。

即使传感器系统能让自动驾驶汽车完美评估其周围环境，要实施以道义上明智的方式驾驶的第二步依然存在障碍，这一步的工作是收集信息、评估相关风险、采取相应行动。在基本层面上，要做的就是建立规则和优先级。例如，要完全避免碰撞的对象依次为人类、动物、财产。但如果汽车面临这样的情况——或者轧过你的脚，或者转向撞到某座建筑而造成数百万美元的损失，那么又会发生什么呢？

这种基于规则而寻求方法的问题在于往往规则根本不存在，至少不能寄希望于纯粹基于明显物理线索的传感器系统来执行单套规则。首先，这样的系统无法计算我们开车时都依靠的社会线索①。其次，摄像机或雷达回波能提供的信息有限。探测到巴士是一回事，发现其是否装满了学生就难多了。

从技术上来讲，这或许可行。我们可以人工干预，在程序中写入很多细节问题，比如广播沟通周围车辆的乘客数量和年龄，或者巴士内部的传感器可以自动追踪其重量，包括是否有人正坐在特定的座位上。但谁来决定生命价值的等级？我们在汽车程序编写过程中如何消除歧视和偏见？

---

① 社会线索是指一些提示，比如面部表情、音调、肢体语言、姿势、手势等。

假亦真

让计算机识别其他车辆是件异常困难的事情。虽然像谷歌和优步这样的公司通过在现实世界中行驶数百万英里来调教他们的软件，但也用预先录制的交通视频来训练算法。然而存在一个问题：计算机需要成千上万张费力做好标记的图像，显示车辆行驶的起点和终点，使它们成为车辆识别专家。这需要人们花费大量的时间和精力。

但事实证明，自动驾驶汽车可以通过研究电子游戏（如《侠盗猎车手5》）中的虚拟交通来学习交通规则。在电子游戏中挑选汽车与在现实中完成这个任务类似，前者的优势在于所有东西都预先做好了标记，因为游戏软件已经生成了这些。密歇根大学的马修·约翰逊－罗伯森（Matthew Johnson-Roberson）及其同事发现，在游戏中训练的算法和在真实道路上训练的算法同样擅长在预先做好标记的数据集中发现汽车。电子游戏版本需要100多倍的训练图像才能达到同样的标准，不过，鉴于游戏可在一夜之间生成50万张图像，所以那不成问题。

这并不是第一次有研究小组使用电子游戏来训练AI。使用模拟环境训练AI已开始腾飞。另一个例子是，在德国蒂宾根的马克斯·普朗克智能系统研究所，哈维尔·罗梅罗（Javier Romero）及其同事正在使用假人帮助计算机了解真实的人类行为。他们认为，计算机生成的关于身体行走、跳舞和侧手翻的视频与图像可帮助计算机学习该注意的东西。

他们生成了数千个"人造人类"的视频，这些"人"的身体形状和动作都很逼真。他们走路、跑步、蹲伏、跳舞，也能够以人们意想不到的方式移动，但他们始终是可识别的人类，并且因为视频是计算机生成的，每一帧都自动标记了所有重要信息。

这可以让 AI 学习识别像素从一帧到下一帧的变化模式，这种模式显示人们可能如何移动的情况。以这种方式训练后，无人驾驶汽车就能判断一个人是否正打算走进车道。

无知的面纱

避开棘手的道德问题的一个方法是直接忽略它们。毕竟，人类驾驶员很可能对周围车辆中的人一无所知。这种"无知之幕／无知的面纱"法相当于为可能出现情况的简单版本设计响应方式——具体做法是，要么预先编程，要么让汽车在工作中学习。

第一种方法遭遇的问题是，几乎不可能预测所有可能出现的场景。例如在 2014 年，一辆谷歌汽车遇到一位坐着电动轮椅的女士，她用扫帚把一只鸭子赶到了马路上。第二种方法似乎更有希望。例如，汽车在行驶过程中可能会学到，相比乡村道路，城市街道上更有可能出现不遵守交通规则的人；而在宁静的乡村公路上，突然转向以避开这类人，进而引发的撞击他物的可能性更小。还有，它可能会了解到，偶尔打破速度限制为救护车让路是没关系的。

但是基本规则依然需要写进程序，而且还会出现全新的伦理问题：程序设计人员无法预测汽车在特定情况下究竟会做什么。我们不希望自动驾驶汽车的行为不可预测。正如汽车预测人类道路使用者的活动很重要一样，人们能够预测汽车的行为也很要紧。那么问题来了，当自动驾驶汽车陷入类似"电车难题"的两难境地时，它会怎么做？

有些人认为专注于这种极端情况毫无帮助。这种情况出现的可能性只有百万分之一。解决一些更常见的问题可能更实际，比如如何避开行人、保持在车道内行驶、在恶劣天气中安全驾驶，或是在保障汽车免受黑客攻击的同时升级软件。这样固然没错，但忽略了思维实验的内容和意义。那些使用它的人希望阐明的一点是，汽车制造商本身并不具有为他们的汽车做出所有决定的道德权威。

特斯拉和谷歌等公司最近宣布不再制造自己的汽车，转而向其他制造商提供软件。目前他们都在闭门秘密研究各自的算法，但要求增加透明度和出台通用标准的呼声越来越高。2016 年，美国交通运输部的团队制定了第一个《自动驾驶汽车联邦政策》（Federal Automated Vehicles Policy）。它将决策伦理列为自动驾驶汽车开发者应该解决的 15 个问题之一，并呼吁他们在设计"解决冲突情况"的算法方面保持透明。该政策还敦促各公司进行咨询，提出"能够得到广泛认可"的解决方案。

英国和德国也发出了类似的呼吁。正如行业联盟成员"英国自动驾驶"（UK Autodrive）的蒂姆·阿米蒂奇（Tim Armitage）在 2017 年白皮书中指出的那样，"人们不能指望"自动驾驶汽车"在社会没有提供一致指导意见的情况下做出道德决定"。该书由英国高林睿阁律师事务所（Gowling WLG）编制。

不会有完美的解决方案，牛津大学人类未来研究所主任哲学家尼克·博斯特罗姆提出这样的警告。"我们应该接受有些人会死于这些汽车的情况。"我们面临的挑战并非建立完美系统，而是构建比现在我们所拥有的更好的系统，目前的系统每年造成 100 多万人死亡、约 5000 万人受伤。

交通法规

2016 年，德国交通部长亚历山大·多布林德（Alexander Dobrindt）提出一项法案，为自动驾驶汽车设计了第一个法律框架，称其为无人驾驶汽车的三大定律。该法律框架将决定这种汽车在可能造成人员伤亡的碰撞中的表现，试图应对一些人所说的自动驾驶汽车的"死亡谷"：在半自动和完全无人驾驶汽车之间的灰色地带，可能会延缓无人驾驶技术的未来发展。

多布林德想要做到三件事：汽车总是选择财产损失而非人身伤害；汽车永远不基于年龄或种族等类别来区分人类；如果人类放开了方向盘（比如查电子邮件），然后发生了碰撞，则汽车制造商需承担责任。

"修改后的道路交通法将允许全自动驾驶汽车上路。"多布林德说道。他希望将完全自动驾驶汽车置于与人类司机同等的法律地位。

制造商、消费者和律师三者感到困惑的一个主要问题是，不清楚谁应该为此类汽车的行驶负责。在美国，汽车公司测试无人驾驶汽车的指南规定，人类必须始终关注道路。这也是2016年推出的英国无人驾驶汽车保险背后的假设，该保险规定，人类每时每刻都要"保持警惕并监视道路"。但这显然不是很多人在考虑无人驾驶汽车时的想法。"当你说'无人驾驶汽车'时，人们期待的是真的无人驾驶汽车，"英国利兹大学的娜塔莎·梅拉特（Natasha Merat）说道，"你知道，是指没有司机。"

多布林德和其他人赞成10秒规则，它要求人们在10秒钟内进入足够警觉状态以控制车辆。同样，奔驰汽车可能需要司机每分钟触摸几次方向盘。但10秒钟或许不够长，仅仅把手放回方向盘并不意味着你已处于控制车辆的状态。梅拉特发现，人们可能需要40秒才能重新集中注意力，具体时间取决于他们当时正在做的事情。由于缺乏明确性，梅拉特认为，一些汽车制造商该等到汽车能完全自动驾驶，无须任何人为输入的时候再做发展考虑。

斯坦福大学的雷恩·卡罗（Ryan Calo）认为，无人驾驶汽车最终或许会成为一种公共交通工具，就像现在某些城市推出的无人驾驶豆荚车，而不是你的私家车。然而在美国，这种做法尚不可行。"政府接管无人驾驶汽车并视其为公共利益的想法在这里绝对行不通。"卡罗补充道。

人工智能医生

机器已经改变了医疗保健领域。核磁共振成像（MRI）扫描仪可探视人体内部，血液样本可自动分析，但人类技能一直是这一过程中不可或缺的部分：若扫描图像显示出阴影，则肿瘤科医生会辨识其意义。不过软件可能很快就会只基于医疗数据就能指出你的问题。

医生常常非常忙碌而过度劳累。他们可能会犯错误，比如忽视某些症状。如果计算机能以自己的方式了解患者的健康状况，或许它们可以加快诊断速度，甚至使诊断更准确。以乳腺癌检测为例，诊断通常需要三种检查的结果：拍摄 X 光片、MRI 扫描、超声波探查。交叉参照（Cross-referencing）工作费力费时，除非你使用深度学习。

以色列特拉维夫大学的研究人员一直在用深度学习分析 X 光胸片。他们的系统可区分是心脏肥大还是肺部周围积液。与此同时，在美国马里兰州贝塞斯达的国立卫生研究院临床医学中心，一个小组正在使用类似的方法检查脊柱上癌肿的生长情况。IBM 的沃森也转向着手诊断工作。在一个案例中，它仅用几分钟就发现了患者身上某种罕见继发性白血病的迹象。如果不用这种方式，该病可能需要数周才能诊断出来。谷歌的 DeepMind 也正在开发几个医疗项目，包括对眼部疾病早期症状的探查。

DeepMind 正与英国国家卫生署合作，以获取大量患者数据。例如，在与伦敦莫菲尔眼科医院合作后，DeepMind 能够为其 AI 提供约 100 万张匿名视网膜扫描图像。该项目针对两种最常见的眼病——年龄相关性黄斑变性和糖尿病视网膜病变。全球有 1 亿多人患有这些疾病。

莫菲尔眼科医院提供的信息包括人类眼底扫描图像，以及使用称为 OCT，即光学相干层析成像（optical coherence tomography）技术得到的更为详细的扫描图像。该想法是，这些图像将使 DeepMind 的神经网络学会识别眼部退化疾病的细微迹象，甚至训练有素的临床医生也很难发现这些迹象。这有可能让机器学习系统先于人类医生检测到发病。

2005 年，美国匹兹堡大学的眼科医生迦底·韦尔斯泰因（Gadi Wollstein）及其同事研究了使用神经网络诊断眼病的方法。但该团队当时的数据集远远小于现在 DeepMind 提供的。韦尔斯泰因表示，大数据集至关重要，因为其能使神经网络学会更全面、更准确地识别眼疾。

数据过载

眼科医生对高精度 OCT 扫描的使用日益增多，但这可能造成数据过载。"医生通常很难看出明确的疾病特点并做出良好的诊断"，韦尔斯泰因说道。他认为机器或许能做得更好。莫菲尔眼科医院的眼科医生皮尔斯·基恩（Pearse Keane）于 2015 年接触过 DeepMind，他提到，DeepMind 开发的任何自动诊断软件都有可能推广给高端眼镜商，后者也开始越来越多地使用 OCT。

DeepMind 与莫菲尔眼科医院的合作让我们得以先睹为快，看看机器学习市场是如何运作的。DeepMind 在与皇家自由医院或莫菲尔眼科医院合作过程中所做的任何工作都是无偿的。然而，它可以在描述严重问题的真实数据集上测试算法，使得神经网络能够一直用这些数据开展训练。莫菲尔眼科医院匿名数据集包含关于眼病的宝贵知识,这将成为 DeepMind 的财产,植入其 AI 系统中。实际上,用真实世界的健康状况数据训练其机器学习系统是 DeepMind 推进诊断 AI 领域发展所得的报酬。

但是,医生或患者会接受机器说的话吗?深度学习的复杂网络是高深莫测的,通常不说明理由就说出结论。例如,Facebook 建议你标记某位陌生人为朋友,而 Facebook 的工程师也无法告诉你其中的原因。但把这么神秘的东西用在医学上,人们很可能会感到不安。

让临床医生愉快地接受这种系统的一个方法是,利用深度学习软件的输出训练另一种透明模型,人类能够检验并理解其答案。这个领域的工作将更多地与人(以及我们将接受的东西)相关,正如其与 AI 相关那样。

杀人机器人

所谓杀人机器人的开发是 AI 领域最激烈的争论之一。自动武器的拥护者认为,由机器而非人类上阵厮杀的战争会更加人道。人类战士在冲突期间固然很容易犯下侵犯人权的罪行,可是机器真的能做得更好吗?虽然很多人觉得这个想法不可接受,但也有人认为,机器不仅能行,而且必须做到这一点。"人类目前正在不公正地屠杀他人,"美国佐治亚理工学院的机器人专家罗纳德·阿金说道,"我不能坐视不管、毫无作为。我相信技术会有所帮助。"

杀人机器人这种致命的自主武器系统正在加速发展,世界上许多国家的军队都在寻找让自己的战士远离火线的方法。派遣机器人代替人类士兵将可以拯救生命,尤其是对拥有先进技术的国家而言。与人类不同,机器人不会打破规则。

这一问题也正被提上国际议事日程。过去几年中，联合国已就所谓的致命自主武器系统展开多次讨论。但是，由于来自诸如"杀手机器人禁令运动"等团体的强烈反对，有迹象表明，讨论正变得越发紧迫。九个国家呼吁禁止致命的自主武器系统，许多其他国家也表示，人类必须保留对机器人的最终控制权。

机器人已经在战场上扮演了多种角色，有些携带装备，有些拆除炸弹，还有一些负责监视。远程控制无人机可以在操作者的控制下，攻击数千米以外的目标。不过，最新型的机器将无人机提升到了更高的水平。它能在很少或没有人为干预的情况下选择并接近目标，有时，控制在人类手中的仅仅是开火授权。

美国海军宙斯盾（Aegis）驱逐舰上的密集阵反导系统（Phalanx anti-missile system）可执行自己的"杀伤评估"（kill assessment）——权衡成功打击目标的可能性。英国航空航天（BAE）公司正在开发名为雷神（Taranis）的无人机，它可起飞，飞往指定地点并识别感兴趣的对象，除非有必要，否则几乎不需要地面操作员的干预。该飞机是原型机，不携带任何武器，但证明了这种飞机的技术可行性。与此同时，据报道，俄罗斯的"移动机器人复合体"（mobile robotic complex）和韩国的超级宙斯盾 II（Super Aegis II）炮塔可在无人监督的情况下探测并射击移动目标。前者是一种无人坦克式车辆，负责保卫弹道导弹装置；后者可在 2.2 千米外精确定位某个个体。

武器制造商不喜欢谈论细节，一般而言，细节是保密的。但有一点很清楚，技术不再是限制因素。用英国导弹制造商欧洲导弹集团（MBDA）发言人的话来说："技术不太可能限制可行的未来发展。"相反，自主武器将受到政策而非能力的制约。

海星杀手

2016 年,在无人质疑的情况下,机器人开始实施射杀行为。这不是《机械战警》(RoboCop)的翻拍,而是澳大利亚大堡礁那里的真实生活,一个杀人机器人被安排负责防止海星破坏珊瑚。该机器人名为 COTSbot,是全世界最先进的自主武器系统之一,能在没有任何人类参与的情况下选择目标并使用致命武器。

图 4.2　就像 1987 年的电影《机械战警》中的这位一样,我们很熟悉科幻小说中的机器人杀手,那么真实的机器人将会有何不同?

海星猎杀机器人可能听起来不像是具有国际意义的发展成果,但将其置于礁石上却可以成为"渡过卢比孔河"①般的事件。COTSbot 的出现充分证明,我们现在有了制造这种机器人的技术,它们能够选择自己的目标,

---

① 公元前 49 年,恺撒置当时的罗马法律于不顾,带领自己的军团渡过卢比孔河,挑起与罗马当权者的内战,故该行为有破釜沉舟、孤注一掷的意思。

并自主决定是否将其杀死。这类机器人在人类事务（从战争到执法）中的潜在应用是显而易见的。

在此背景下，使用 COTSbot 是一件好事——有机会在相对温和的环境中测试开发者声称的自主性、准确性、安全性、可编程性等。它还提供了一个机会，证明自主机器人既可以做坏事也可以做好事。但真正的意义在于，它表明《机械战警》中的故事正越来越接近现实，比以往任何时候都更接近。

交战规则

那么，相关的战争规则又有哪些呢？目前尚无专门针对机器人的法律，但所有武器都必须遵守现行的公约。一项关键原则是，不得故意将平民和平民的财产作为目标。武器还必须能够区分平民和战士，而且，使用武力必须成比例——攻击的附带损害不能超过其预期军事优势。

在这样的框架内，罗纳德·阿金认为，如果能证明致命的自主系统在限制平民伤亡方面比人类战士做得更好，那么禁止这种技术就是错误的。"我们必须记住人类在现代战争中表现出的不可靠性和脆弱性，"他说道，"如果我们能做得比他们更好，那就是在拯救生命。"

其他支持该观点的人反应也同样强烈。例如，美国范德比尔特大学（Vanderbilt University，位于田纳西州的纳什维尔）的埃里克·谢克特（Erik Schechter）曾在《华尔街日报》上撰文称："如果国际人道主义法的目标是减少战时非战斗人员的痛苦，那么使用射击准确的机器人再合适不过了，其在道义上势在必行。"

机器人也可以挽救战士的生命。例如，如果作战目标是可疑敌方基地（可能位于人口密集的城区），可以不发动空袭轰炸，而让机器人先于人类战士进入该建筑，承担最初的风险。对于任何任务中特别危险的部分，都可以请机器人一马当先。

尊严权

然而人们在这一观点上存在严重分歧。对很多人来说，计算机芯片将手握人类生死大权的前景令人颇为不安。联合国法外处决、即审即决或任意处决问题特别报告员克里斯托夫·海恩斯（Christof Heyns）表示，它可能违反人道主义法律、侵犯人类的尊严权。

"人类需要密切参与决策，这样才能不侵犯你的人类尊严。"海恩斯说道。他指出，与手持武器的人类不同，你无法对机器人强调人性诉求。那将会是单纯的屠杀，他说道。远程控制无人机已经很少有机会进行类似的人性审判。但它们至少有人类操作者，无论距离有多远，都能做出伦理判断。"这成为可能的希望，至少不是完全没有，"海恩斯说道，"而希望是有尊严生活的一部分。"

最终，海恩斯对他所说的"力量的去人性化"持谨慎态度。他在 2013 年提交给联合国的报告中发出警告，"不知疲倦的战争机器，只需按下按钮即可部署"，可能会导致未来某种永久性冲突。若政府无须派遣地面部队，则开战就可能变得太过容易。即使在机器与机器作战的情况下，严重的附带损害也会摧毁国家的基础设施。此外，因为伤亡人数将减少，战争持续的时间会更长，从而阻碍战后重建。

英国谢菲尔德大学的 AI 及机器人研究者诺埃尔·夏基（Noel Sharkey）是"杀手机器人禁令运动"的主要成员，近 10 年来，他一直试图让这个问题引起国际关注。他坚持不懈参与活动的关键驱动力之一是对当前技术缺陷的认识。

阿金着眼于下一代技术，而夏基则关注当下。"我可以在几周内就帮你开发出机器人杀手，它们能够探测人体特征并向人类开火。"他说道，"难点在于区分平民和作战人员。"

要具备这种能力很难。Aralia Systems 是一家总部在英国的公司，为安全应用提供图像分析软件。例如，它可以突出显示监控录像中的可疑活动。2015 年，该系统警示一群人的活动有问题，后来发现，他们一直在公共区域寻找合适的地点放置炸弹。该公司的联合创始人格林·赖特（Glynn Wright）表示，那些人被逮捕并被成功起诉。不过赖特坦承，要实现在繁忙的城市环境中快速做出决策还有很长的路要走。

采访：我们应该禁止自主武器吗？

马克·毕晓普是伦敦大学金史密斯学院的认知计算教授，也是人工智能和行为模拟研究学会主席。他在 2013 年接受了《新科学家》的采访，解释为何禁止那些可在没有人类干预的情况下部署并实施毁灭行为的武器是至关重要的。

"杀手机器人禁令运动"是什么样的组织？

它是多个非政府组织和压力集团组成的联盟，为禁止生产和部署完全自主武器系统而游说。对于这种系统，人类完全无法控制，既不能选择精确打击目标，也不能干预最终的攻击决定。

对于这种系统，我们已经完成到什么程度了？

已经有实例了。有些已存在一段时间，如密集阵炮系统，用于大部分美国海军舰只，探测并自动应对即将袭来的威胁。另一种是以色列"哈比"

（Harpy）"即发即弃"无人机，能够搜索并摧毁雷达装置。

是什么在推动这项技术的发展？

目前西方的军事战略更多地聚焦于无人机，而非传统军事力量，但远程控制无人机很容易遭劫持。完全自主的系统则几乎不受这种影响。它们还降低了成本。这意味着制造商能卖得更多，因此从商业角度来讲，制造商开发自主系统、政府部署它们是不可避免的。

有什么危险？

有理由怀疑自主系统能否合理判断交战需求、对威胁做出适当反应，以及可靠地区分战斗人员和平民。此外，当你让多个复杂的软件系统交互时，非常有可能出现无法预料的后果。亚马逊在 2011 年就出现过生动的例子，当时，定价机器人将《苍蝇的成长》（The Making of a Fly）一书的价格提高到了 2300 多万美元。

你担心事态升级吗？

是的。韩国的科学家们正在开发用于在朝韩边境巡逻的机器人。如果部署了这种机器人，并且其出现不当或过激行为，则很容易想象，轻微的边境入侵会升级为严重对抗。更令人恐惧的是，1983 年，美国代号为"优秀射手"（Able Archer）的军事演习进行期间，苏联自动防御系统错误地侦测到导弹来袭，幸亏因为一名苏联上校的干预才避免了核战争。此外，当你使自主系统与其他自主系统交互作用时，危险升级的可能性大得令人胆寒。

机器人不能减少对人类的风险吗？

美国机器人学家罗纳德·阿金等人提出的一种情况是，相比心怀悲伤或寻求报复的战士，机器人或许能做出更冷静、公平的评估。这不仅无法解决事态升级的问题，而且只有在系统能够可靠地决定何时交战、判断程度并准确区分目标时，它才站得住脚。

那么我们应该做什么呢？

自主系统背后的技术还有其他用途，比如谷歌的汽车驾驶系统，禁止开发会很困难。所以我们必须把注意力聚焦在禁止部署自主武器的国际条约上。

发号施令

即便机器可以区分打击目标和平民，那它基于这些数据做出道德决策的能力又如何呢？阿金认为，我们可以开发软件，使其充当"伦理监督者"，指导机器人对各种不同环境的反应。但是，此类软件所需的复杂性意味着，这些提议仍处于设计阶段。就目前而言，人类必须担任控制者。

而这代表着什么？关于机器人杀手的争论引发了这个问题，而呼吁禁止的结果是成功还是失败将取决于如何解释"让人类做决定"这一说法，目前没有公认的定义。还有一个问题：只关注机器人杀手会掩盖更多基本问题，这些问题与人类和机器的互动方式相关。仅仅因为有人类参与并不意味着高科技杀戮问题就会不存在了。

例如，2003 年，美国爱国者（Patriot）导弹炮位的操作员收到自动警报，称发现一枚伊拉克导弹飞来。她顷刻之间就做出决定，选择采取防御行动，授权炮台开火。然而结果证明，被导弹击中的竟然是英国皇家空军的狂风战斗机（Tornado jet），两名飞行员丧生。到底哪里出了问题？毫无疑问，该系统识别错了飞机。而调查发现，起因是操作人员没有得到很好的培训，导致该系统没有接入更大的网络，那个网络本来会告诉它，这架飞机与空中交通管制人员有联系，不属于威胁。在这种情况下，我们可以认为让人参与其中才是问题的根源。

无论联合国的处理结果如何，自主武器系统相关辩论引发的问题并不像最初看上去那么简单。不管是否完全自主，机器已成为战争的一部分，而且承诺让人参与其中肯定无法保证那种错误不再发生。机器不会简化战争，而是使其复杂化了。这是它们和我们的共同点。

5

探索未知世界

计算机能如何克服人类思维的局限性?

目前计算机的主要功能是增强人类智能。但是,有些机器已经开始在解决问题时不受人类思维的限制,这使得它们能够发明一些新奇的小玩意儿,甚至推动数学向前发展。机器有一天会完全取代思想者和修补匠吗?即使它们在某些方面优于我们,它们的发现也只有在我们能够理解并应用时才会有用。

迸发灵光的机器

我们习惯意外发现与发明创造携手并进。以机械飞行的早期发展为例。1899 年的某个夏日，美国俄亥俄州代顿市的一位自行车技师从盒子中轻松地拿出一个新内胎递给顾客。两人聊着天，修理工漫不经心地玩着空盒子，将其来回扭动。这么摆弄时，他注意到盒子顶部扭曲出一条平滑的螺旋曲线。这个发现微不足道，但却将改变世界。

盒子的形状恰巧让这位技师想起了鸽子飞翔时的翅膀。看着手中弯曲的盒子，威尔伯·莱特（Wilbur Wright）领会到，只需扭动双翼飞机的机翼框架，他就有办法控制飞行器在空中飞行。

莱特兄弟的飞机只是众多例子之一。另一个是魔术贴（尼龙搭扣）——乔治·德梅斯特拉尔（George de Mestral）发现牛蒡属植物（burdock plant）浑身长满钩子的种子粘在他的狗身上，继而发明了这种材料。哈里·库弗（Harry Coover）的液体塑性混合物用作驾驶员座舱盖材料时惨遭失败，因为它会粘住任何东西，但它有更好的用途——强力胶。

这或许显得很浪漫，但却是极其缓慢的技术进步方式。依赖偶然事件意味着，当前就能实现的发明可能要数年后才会出现。"这种发明创造的方式非常陈旧且效率低下。"Iprova 公司的 CEO 朱利安·诺兰（Julian Nolan）如是说。该公司总部位于瑞士洛桑，专门从事发明创造，几百年来一成不变。诺兰补充道："这与大多数其他领域完全不同步。"

但我们现在开始依靠自己的能力了。随着想象力的飞跃被软件的稳步发展所取代，那些灵光乍现时刻或许很快就能按需出现。从生成最佳设计的仿生算法，到寻找可能填补现有专利技术空白的新设计的系统，计算机辅助发明尽显英姿。

这带来的影响可能是巨大的。一些人声称自动化式发明将加速技术进步，也可营造公平的竞争环境，使我们所有人都成为发明者。但如果创意的价值被降低了，进而会引发什么？例如，为了获得专利资格，其起源构思就不能是"显而易见"的。当人们依赖暴力催生发明时，它们会被如何应用？

何谓遗传算法?

遗传算法也称为进化算法，通过模仿自然选择来解决设计问题（见图 5.1 ）。预期特征被描述成类似基因组的样子，其中的基因代表诸如电压、

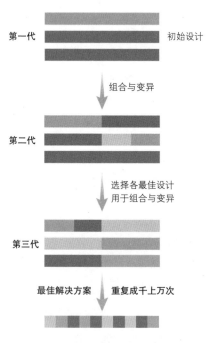

图 5.1　遗传算法试图找到解决问题的最佳方案，方法是反复组合与变异每一代潜在解决方案中的最佳者

焦距或材料密度之类的参数。

该过程从这些基因组的或多或少的随机样本开始，每一个都具有存留可能性，尽管不是最优设计。通过来自这一初始基因库的亲本基因组并引入"变异"，生成的后代不但具有每个亲本的特点，而且增加了可能有益的新特征。然后在模拟情境中测试后代对给定任务的适应性，选出多个最佳者放入基因库，以待下一轮培育使用。这个过程不断重复，就像自然选择那样，最终，适应性最好的设计存活下来。

除了发展出新设计，遗传算法还可用于进化"寄生生物"，这会对测试安全或安全特性造成巨大损害。"对于发现任何可能的复杂系统的漏洞方面，大自然一直非常擅长且极具创造力。"位于马萨诸塞州剑桥的 Icosystem 公司的埃里克·博纳博（Eric Bonabeau）这样说，他利用这种技术改进了美国海军的舰船设计。

顺应自然

20世纪90年代，加州斯坦福大学的约翰·科扎（John Koza）领导第一批在专利设计中模仿生物进化的研究人员，开创了所谓遗传算法的运用先河。该团队测试了他们的算法，看自己是否能重新发明一些重要的电子设计产品，包括20世纪20年代、30年代贝尔实验室开发的初效过滤器、放大器和反馈控制系统。他们成功了。"我们能够重新发明所有经典的贝尔实验室电路，"科扎说道，"如果当时存在这些技术，那么这些电路就可能是由遗传算法设计出来的。"

为了排除侥幸成功的情况，研究团队又尝试将同样的技巧应用于六种已获专利的目镜配置，它们用在各种不同的光学设备中。该算法不仅复制出了所有光学系统，而且在某些情况下还改进了原始系统，这些改良可能会获得专利。

在年度遗传与进化计算大会（GECCO）上，对进化发明成果的展示充分体现出这种算法的通用性和用途之广泛。典型的创新包括章鱼般水下无人机的高效游泳步态、低功耗计算机芯片的研发，以及未来太空探测器清理近地轨道最节能线路的设计。位于荷兰诺德韦克的欧洲航天局高级概念实验室的工程师们负责计算这条线路，他们将该任务视为著名的旅行商问题的宇宙版本，只不过他们的探测器访问的不是城市，而是废弃的卫星和火箭残骸，以便将它们推离轨道。

然而，GECCO 的大奖是"人类竞争力奖"（human competitiveness award），奖励那些被视为与人类的聪明才智竞争的发明。2004 年，第一个人类竞争力奖颁给了一种形状奇特的天线，它由 NASA 资助项目研发而成。虽然它看上去像一棵瘦弱的树苗，枝条稀疏且歪歪扭扭，不是一般的杆状天线，但其性能相当出色。这肯定不是人类设计师能创造出来的东西。

这往往就是问题所在。"当计算机用于发明过程自动化时，它们不会被人类发明者先入为主的想法所蒙蔽，"马萨诸塞州伯灵顿的专利律师罗伯特·普罗金（Robert Plotkin）说道，"因此，它们能创作出人类做梦也想不到的设计。"

探索未知世界

使用遗传算法只有一个问题——你需要事先清楚自己想要的发明，这样你的算法才能以富有成效的方法改进它。遗传算法往往擅长优化已有的发明，而非打造真正新奇的东西。这是因为它们不采用巨大的、创造性的飞跃方式。这也意味着它们取得商业成功的机会更少。

有一种方法是，使用软件来帮助发明者注意到问题中容易遗漏的特征，如果能加以解决，就可能带来新的发明。"发明是指之前未被创造出来的新东西，因为人们至少忽略了一件事，而发明者留意到了，"位于马萨诸塞州纳蒂克（Natick）的 Innovation Accelerator 公司的首席技术官托尼·麦卡弗里（Tony McCaffrey）说道，"如果我们能让人们留心到问题中更隐蔽的特征，那么他们就更有可能关注到解决问题所需的关键特征。"

为了做到这一点，Innovation Accelerator 公司开发了一款软件，可以让你用人类的语言来描述问题。然后，它将该问题"爆炸"成大量相关短语，并用这些短语在美国专利商标局的数据库中搜索解决类似问题的发明。该系统旨在寻找其他领域的相似问题，换言之，这款软件为你提供了横向思维。

在一个案例中，麦卡弗里要求系统提出一种减少美式橄榄球运动员发生脑震荡的方法。该软件"分解"了问题描述，并寻找减少能量、吸收能量、交换力量、减少冲力、对抗力量、改变方向和排斥能量的方法。关于如何排斥能量的搜索结果使该公司发明了一种头盔，它配有强磁铁，以排斥其他运动员的头盔，减少头部冲撞的影响。可惜的是，有人比他们早几个星期申请了专利。不过这个例子证明这种工作方式可行。

在另一个案例中，该软件复制出了一家滑雪装备制造商最近的创新。要解决的问题是找到阻止滑雪板振动的方法，这样滑雪者就能滑得更快，转弯也更安全。制造商最终偶然发现了答案，而 Innovation Accelerator 公司的软件却能快速找出。"小提琴制作者有一种方法，可以通过减少乐器振动使演奏出的音乐更纯净，"麦卡弗里说道，"将这种方法应用于滑雪板，即可减少其振动。"

趋势观察

诺兰的公司 Iprova 的技术同样帮助发明者拓展横向思维，但其创意的来源远远不止专利文献。该公司不愿透露其计算机加速发明技术的确切工作原理，但在 2013 年的一项专利中，Iprova 公司表示，它不仅访问专利数据库和技术期刊，而且搜索博客、在线新闻网站和社交网络，从而为客户提供"创新机会建议"。

令人特别感兴趣的是，随着互联网技术趋势的变化，它会改变自己的建议。结果似乎极其富有成效。该公司利用其技术每月创造出数百项发明，然后客户可择优申请专利。Iprova 公司似乎已经取得了成功，因为它确实在医疗保健、汽车和通信等行业拥有了广泛的客户。它的客户之一是飞利浦，一家重要的跨国技术公司。在为自己的研发团队增添外部专业技术力量方面，这类公司不会掉以轻心。

这一切意味着，由算法主导的发现很可能是未来最具生产力的发明过程。"学会利用计算机自动化创新的人类发明者将超越那些继续采用老式方法的同行。"普罗金说道。但是，我们如何在二者间划清界限呢？结果可能是，人类和算法无法被清晰地分离开来，而关键在于找到合适的分工方式。然而，如果分工过于偏向计算机一方，就可能破坏专利制度本身。目前，"本领域普通技术人员"必须相信，如果一项发明会获得专利，那么它不会是显而易见、毫无新意的。然而，如果发明者只是在控制计算机，那么所产生的发明就可被视为该计算机的平淡无奇的输出，如水壶中的热水一般。

俗话说："机会青睐有准备的人"。若威尔伯·莱特在为客户服务时没有思考他的飞机，他可能永远不会有自己的灵光乍现时刻。创新软件可使这种偶然的迸发更为常见。"将意外发现外包给算法。"博纳博说道。

晚餐吃什么?

你发现自己在用同样的老配料做着同样经久考验值得信赖的最爱佳肴? "沃森大厨"(Chef Watson)App 可能会有所帮助。它利用 IBM 公司的沃森超级计算机的大脑来发明新菜肴。

"沃森大厨"App 的关键在于,该超级计算机能够快速处理海量信息,并在大部分信息间建立联系。它已在智力竞赛节目《危险边缘》中赢得胜利,并帮助纽约斯隆-凯特琳纪念医院的医生诊断癌症,从而证明了自己的身手不凡。如今,它正在尝试进行一些可谓更困难的挑战——用创造力来发明人们真正希望品尝的食谱。

为了给计算机提供数据,IBM 公司与美国菜谱网站 Bon Appetit(祝胃口好)开展合作。该网站有一个包含 9000 多种菜谱的数据库,每个菜谱都根据其配料、菜式和烹饪风格进行标注,比如卡真菜(Cajun)或泰国菜(Thai)。沃森超级计算机在数据库中创建了配料、风格和烹饪步骤之间的统计关联,以确定哪些配料通常一起使用,以及每种样式的食物需要什么配料。"正因为这种关联统计,它可以知道玉米煎饼、汉堡、汤各自需要不同的配料,"IBM 公司的史蒂夫·艾布拉姆斯(Steve Abrams)说道,"它明白玉米煎饼往往需要某种包装,而汤则总是需要液体。所以你才不会吃到水分过多的玉米煎饼。"

使用该 App 时,厨师首先要输入他们想使用的某种食材。接着决定他们希望沃森进行的实验程度,范围从"保持经典"到"给我惊喜"。然后沃森为厨师提供其认为通常与初始食材配合上佳的其他配料、风格和餐具。他们可以借由点击"喜欢"或"讨厌"按钮来强化或移除配料。最后,厨师点击搜索,沃森分析其数据库,生成一系列基本菜谱,然后可以进一步调整，使其或多或少具有实验性。

如果厨师想提升菜谱的水准，还可以检索有关广泛存在于各种食物中的风味物质的数据库，用以将理论上应该搭配在一起的配料组合起来，如伏特加和球芽甘蓝，或是花椰菜和菊花。相关心理学研究也被纳入考虑范围，主要调查人们觉得哪些味道或多或少令人愉悦，还涉及各种配料组合的"暗黑"得分——得分越高，在菜谱中同时出现的频率就越低。

进入实验阶段，你会较少关注哪些配料搭配完美，而更看重各种食材共有的风味物质。"它能提出你永远想不到的可能组合。"艾布拉姆斯说道。至少理论上是这样。实际上，"沃森大厨"App 能够推荐一些不寻常的替代方案。在奶油意大利面中，法式酸奶油可换成一杯牛奶。若将设置改为"给我惊喜"，则沃森可能会试图证明，你的烤金枪鱼需要一斤鹅肉。不过它偶尔也能突发灵感，例如在经典秋葵菜中，用日式海鲜汤底替代蛤蜊汁的建议效果不错，赋予这道菜相当浓郁的味道，你可能永远也想象不出如此尝试。

开发人员计划让"沃森大厨"App 变得更加复杂、精细，吸收更多的来源数据。它已经能在维基百科的世界美食页面中搜索，并可在美国农业部数据库中查找营养成分信息，以帮助确定配料比例。

除了间或出现古怪的配料组合，"沃森大厨"App 根据纯数据生成创意食谱的方式也存在一些其他问题。一位测试人员发现，它似乎难以控制好分量。另一位注意到，有一款食谱要求杜松子（juniper berries）的量为不多不少 554 颗，而且系统告诉她要将豆腐"去皮去骨"。

概念证明——破解数学难题的软件

研究纯数学是另一种以灵感飞跃为特征的人类活动。那些人类一直努力加以证明的定理，已经能由软件破解。计算机在这一领域还能扮演更具创造性的角色吗？如果是这样，那么未来的计算机可能会将数学发展到我们的大脑无法理解的复杂状态。

2012 年，日本京都大学备受尊敬的数学家望月新一（Shinichi Mochizuki）在自己的网站上发布了 500 多页高深的数学论证。这是多年工作积累的结果。望月新一的全面一般化泰希米勒理论（inter-universal Teichmüller theory）描述了数学王国的未知领域，并让他对长期存在的关于数本质的难题提出了证明，即 ABC 猜想。其他数学家对此结果表示欢迎，但提醒道，检查该结果需付出很多努力。数月过后依然没有结论。最后，人们花了 4 年时间才开始理解它。

如果你询问数学家，什么是证明，他们很可能会告诉你，它必须是确凿无误的——从确定的起点到不可否认的结论的一系列详尽逻辑步骤。但这还不是全部。你不能仅仅发布一些你认为正确的东西，然后继续前进，你还必须让别人相信你没有犯任何错误。对于完全开创性的证明，这可能会是令人沮丧的经历。

事实证明，很少有数学家愿意放下自己的工作，投入数月甚至数年去理解像望月新一所做的那样的证明，而且，随着数学领域日益向下分裂成多级子领域，这一问题变得更加严重。有些人认为数学研究已到达极限。对于其他人来说，真正的突破可能太过复杂而无法验证，因此，许多数学家忙于研究更容易解决但可认为不是那么重要的问题。我们该做些什么呢？

对某些人来说，解决方法在于接受数字工具的帮助。很多数学家已经和计算机一起工作了，它们可以帮助检查证明，并为更具创造性的工作腾出时间。但这可能意味着改变数学研究的方式。更重要的是，计算机或许有一天能实现对自我的真正突破，那时我们能跟得上吗？如果不能，那对数学意味着什么？

四色定理

首个重要的计算机辅助证明结果发布于 40 多年前，立即引发强烈反响。它解决了四色定理的证明问题，该难题可追溯到 19 世纪中期。这个定理是指，将所有地图内的区块着色，仅需四种颜色即可确保任何相邻区域的颜色不同。你尽可随自己喜欢反复尝试，任何尝试都不会出现例外（见图 5.2）。但要想证明它，你需要排除某种特定的可能性——这世上存在令人意想不到的奇异地图。

1976 年，肯尼斯·阿佩尔（Kenneth Appel）和沃尔夫冈·哈肯（Wolfgang Haken）就是这样做的。他们指出，你可以将问题范围缩小到 1936 种可能需要五种颜色的布局情况。然后，他们用计算机逐一检查这些潜在反例，发现所有案例确实均可只用四色完成填涂。

你大概会想，这下大功告成了，可是数学家们并不愿意接受这个证明过程。如果存在代码错误会怎样？他们不信任这个软件，但没人想要手工复核上千种特定情况。他们的怀疑是有道理的。相比检验用传统方式证明的某个数学猜想，检查用于测试该猜想的软件要更困难一些。因为代码错误可能导致完全不可靠的结果。

诀窍是用软件来检查软件。使用一种称为"证明助手"的程序，数学家可验证某证明过程中的每一步都是有效的。这是个交互过程，你在运行的工具

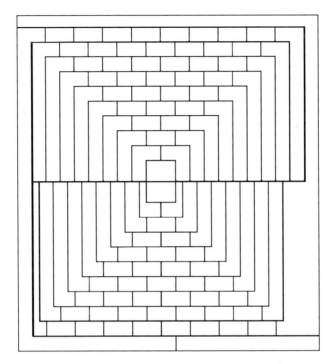

图 5.2　对于任何地图，只用四种颜色而使所有相邻区域颜色不同的填涂是可能做到的。请用以上"地图"自行尝试，该图由作家、数学推广者马丁·加德纳（Martin Gardner）于 20 世纪 70 年代设计绘制

中输入命令，然后该工具做检查，就像拼写检查器那样。那如果"证明助手"有问题怎么办？这总是有可能的，不过这些程序往往很小，手工检查相对容易。更重要的是，随着代码的反复运行，你会获得证据来表明其运算正确。

令人厌烦的细节

然而，使用"证明助手"意味着采用不同的工作方式。数学家在做证明时会跳过很多令人厌烦的细节。例如，每次都列明微积分基础毫无意义。但这种捷径不适用于计算机。为了实现某项证明,计算机必须解释每一个逻辑步骤,甚至是明显无须动脑的内容,比如为什么 2 加 2 等于 4。

将人类的书面证明过程转换为计算机语言这一研究领域目前依然活跃。单单一项证明就可能需要花费数年时间。早期突破出现在 2005 年, 当时, 英国微软剑桥研究院的乔治·贡捷（Georges Gonthier）及其同事更新了四色定理的证明, 使其每一部分均可被计算机读取。之前一直使用的版本为阿佩尔和哈肯于 1976 年开发所得, 它依赖被称为图论的数学领域, 需要运用我们的空间直觉。对人类来说, 思考地图上的区域是很自然的事, 但于计算机却不是。整件事情需要重做、再造。

贡捷发现, 部分证明实际上根本从未做过, 原因是人们认为不值得为之努力, 这部分被普遍假定是正确的, 因为看上去如此显而易见。结果证明, 这种假定没错, 但也证实了更高精度会产生额外收益。"你必须把一切都转化为代数运算, 这会迫使你做得更精确,"他说道,"这种精确最终会带来回报。"

然而, 攻克四色定理证明问题仅仅是个开始。"它在其他数学领域的应用相对较少,"贡捷说道,"这是一种脑筋急转弯。"于是他转向对法伊特－汤普森定理 / 奇阶定理（Feit-Thompson theorem）的证明, 这是自 20 世纪 60 年代以来群论中工作量巨大的一项基础类论证。多年来, 人们一直在对其构建、重写, 最终出版了两本书。借由形式化, 贡捷希望展示计算机处理更复杂的证明的能力, 这种证明触及数学领域的很多不同分支。这是一个完美的测试案例。

未被采纳的证明

该案例取得了成功——在运算过程中, 他们发现了书中的一些很容易处理的小错误，但仍然是每个人类数学家都没有发现的问题。人们意识到了，贡捷说道："我收到了来信，说这是多么美妙的事情啊！"对于两个案例，结果均无可置疑。贡捷正在着手处理已得到确认的数学定理，并将其转化为计算机可读取的形式。但其他人一直被迫用这种方式重做他们的工作，目的只是让自己的证明被采纳。

1998 年，美国匹兹堡大学的托马斯·黑拉斯（Thomas Hales）发现自己与如今的望月新一处于类似的状况。他刚刚发布了一份长达 300 页的对于开普勒猜想的证明，该问题已有 400 年的历史，核心是堆叠一组球体的最有效方法。与四色定理一样，可能的堆叠方法归结为几千种不同的排列。黑拉斯和他的学生塞缪尔·弗格森（Samuel Ferguson）用计算机检查了所有这些排列方式。

黑拉斯将其结果投给了《数学年刊》（Annals of Mathematics）杂志。5 年后，该期刊的评审者宣布，他们有 99% 的把握认为证明是正确的。"数学领域的裁判通常不愿意检查计算机代码，他们不认为这属于自己的工作范畴。"黑拉斯说道。黑拉斯坚信自己是对的，于 2003 年开始重做他的证明，以便能够用"证明助手"进行核查。本质上这意味着一切从头开始，他花了十多年时间才完成该项目。

贡捷与黑拉斯的研究表明，在重要数学领域，计算机有助于推进发展。"我们如今正在证明的数学中的大定理在 10 年前似乎还是遥远的梦想。"黑拉斯说道。然而，尽管有了像"证明助手"这样的先进手段，用计算机开展证明依然是个艰辛的过程，大多数数学家都不愿涉足该领域。

这就是有些人正朝着相反方向努力的原因。普林斯顿高等研究院的弗拉基米尔·沃沃斯基（Vladimir Voevodsky）希望让数学更适合计算机运算，而不是让"证明助手"更容易使用。为此，他正在重新定义其基础。

型实合一

这是很深奥的学问。数学目前是从集合论的角度来定义的，本质上是研究对象的集合。例如，数字 0 被定义为空集，即没有对象的集合。数字 1 被定义为包含一个空集的集合。以此为基础，你可构建无穷多个数字。大多数数学家不会每天关心这些，并且理所当然地认为他们能相互理解，不需要深入关注那么多细节。

计算机工作的方式却不是这样，这是个问题。用集合来定义某些数学对象可以有多种方法。对我们人来说，这无关紧要。但对同一件事情，若两项计算机证明使用不同的定义，那它们将不兼容。"我们无法比较结果，因为它们基于两种不同东西搭建的核心，"沃沃斯基说道，"如果你希望用非常精确的形式体现一切，那么现有的数学基础并不能很好地发挥作用。"

沃沃斯基采用的替代方法将集合转换为类型，这是一种更严密的数学对象定义方法，其中每个概念都只有一种定义。用类型构建的证明也可以构成类型本身，而集合则不是这样的。这使得数学家们可以直接用"证明助手"来表述他们的想法，而不必以后再加以转换。2013 年，沃沃斯基及其同事出版了一本书，解释这种新基础背后的原理。不同于标准方法，他们先用某个"证明助手"写出该书，然后将其"去形式化"，以产生更人性化的成果。

贡捷认为，这种逆向工作方法改变了数学家的思维方式。它还使得大型数学家团队间能够更紧密地合作，因为他们不必经常检查彼此的工作。反过来，这也开始让某种观点得以普及——"证明助手"可以对工作中的数学家有益。

这或许仅仅是个开始。经由让计算机更容易理解数学，沃沃斯基的重新定义可能会将我们带入新的领域。在他看来，数学分为四个象限（见图 5.3）。应用数学非常复杂但不是很抽象，例如，为机翼上的气流建模。纯数学是一种远

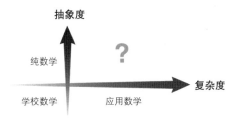

图 5.3　高度抽象且高度复杂的数学可能是人类能力所不
能及的。一些人认为，计算机可以为我们开辟这片新领域

离我们日常生活的跟纸笔打交道的数学，复杂度低但高度抽象。学校层面的数学则既不复杂也不抽象。但第四个象限中是什么内容？

落在后面

"目前很难深入研究高度复杂且高度抽象的问题，因为它确实不太适合我们的大脑。"沃沃斯基说道，"不管怎样，它需要的能力我们不具备。"而借助使用计算机，人类也许能够进入第四个数学领域。我们就可以证明比以往任何时候都更复杂、更大胆、更抽象的问题，把我们对数学的掌握推向巅峰境界。

或者，我们可能会被抛在后面。2014 年，英国利物浦大学的阿列克谢·李西特萨（Alexei Lisitsa）和鲍里斯·科涅夫（Boris Konev）发布了一项计算机辅助证明，其文件如此之大，总计达 13G（gigabytes，千兆字节），大致相当于维基百科的大小。该证明的每一行都可读，但对于任何人来说，通读整个结果都得花上好几辈子，而且过程枯燥乏味。

在那之后，这两位一直在优化他们的代码，将证明长度减少到了 800M（megabytes，兆字节），这是巨大的改进，但依然无法消化。从人类的角度来看，二者几乎没什么差异。纵然你把毕生的精力都投入到阅读这样的东西上，其结果也就如同一个像素一个像素地逐一研究照片，永远看不到更大的画面。"你无法领会其背后的思想。"李西特萨表示。

尽管它的规模要大得多，但情况类似于对四色定理的初始证明，数学家们无法确定计算机的穷举搜索是否正确。"我们仍然不知道为什么这个结果成立，"李西特萨说道，"这可能到达了人类理解力的极限，因为对象如此庞大。"

新泽西州罗格斯大学纽华克分校的多龙·泽尔伯格（Doron Zeilberger）认为，甚至会有那么一天，人类数学家将无法再做出贡献。"在未来的 100 年里，计算机仍然需要听从担任教练的人类的指导，"他说道，"而那之后，哪怕远远不如机器，人类依然可以把研究当作一项智力运动，就像现在的人类棋手一样相互对阵。"

泽尔伯格是个极端的例子。他给自己的计算机起昵称为沙洛施·B. 埃卡迪（Shalosh B. Ekhad），数十年来一直将其列为共同作者，他认为，人类应该将纸和笔放置一边，而专注于教育我们的机器。数学家对时间的最佳利用方式是知识转移。他说道："把他们的所有技能都教给计算机，剩下的事由计算机负责。"

精神学科

然而，对于软件能快速产生大量人类无法理解的证明的观点，大多数数学家感到愤怒。"计算机将取代数学家的想法是不恰当的。"贡捷说道。

此外，与计算机合作的数学家可能会冒一种新的风险——高速涌现的大量论文无人阅读。就现状来看，科学成果往往得不到应有的认可，而该问题在数学领域尤为突出。2014 年，每月有 2000 多篇数学论文发布到在线资料库 arXiv.org 上，比其他任何学科都要多，而且这个速度还在加快。随着如此众多新研究成果的出现，有很多都被忽视了。有一种选择是开发可读取任何发布内容的软件，帮助人们跟上重要事情发生的脚步。

但贡捷认为这没有抓住要领："数学不仅仅在于发现证明，还在于发现概念。"数学本身的性质正受到审视。"如果人类不能理解某个证明，那它就不能算是数学内容。"沃沃斯基说道，"未来的数学更像是精神学科，而非应用艺术。数学的一个重要功能是发展人类思维。"

然而对于望月新一来说，这一切或许都太晚了。他的工作如此超前，如此远离主流数学，以至于让计算机去检查比做出初始证明要困难得多。"我甚至不知道是否有可能形式化他的成果。"黑拉斯说。就目前而言，人类依然是最终的评判者，即使我们并不总是相信自己。

6

有创造力的机器

艺术与叙事的人工智能世界

机器正在向艺术世界迈出第一步——学习如何自己讲故事、作曲、画画等。当人类做这些事情时，我们会毫不犹豫地称之为创意活动，那我们什么时候才会坦然、轻松地对机器说同样的话？

情节叙述机器人：AI 讲故事

假若有一只猴子害怕香蕉，会怎么样？假若一个人醒来后成了狗但依然会使用他的手机，会怎么样？假若一所房子没有门，会怎么样？能提出假设问句的机器（What-if Machine）具有活跃的想象力，和我们有一个相似点：热爱编故事。我们讲故事是为了娱乐、分享经验、让事情变得有意义。正如作家菲利普·普尔曼（Philip Pullman）所说的那样："除了营养、住所和陪伴，故事是我们在这个世界中最需要的东西。"

不过很快我们就不是唯一能这样做的了。伦敦大学金史密斯学院的特蕾莎·兰诺（Teresa Llano）开发出了假设机器，像这样的一些系统目前正在接受虚构艺术方面的训练。其结果可能是展示一些至今尚未见过的最像人类的 AI 机器。"我们不是在制作'人工人类'，而是打造能够更好地理解并与人类互动的计算机。"爱尔兰国立都柏林大学的托尼·维勒（Tony Veale）说道，他也参与了假设机器项目，"我们喜爱故事，所以需要计算机能满足这种需求。"

要做到这一点，计算机需要像我们一样看待世界，这是机器智能的巨大飞跃。难怪很多人认为这是 AI 领域最艰巨的挑战之一。不过我们快要成功了。得到的回报将不只是享受故事的新方式，还有理解世界的新途径。

讲故事并非易事。你必须假装事情并非如此。要厘清角色和动机，然后用叙事的方式将一切绑定在一起。再有，最重要的是，好的故事要介于枯燥和过分夸张之间。"故事生成推动了计算机科学中的一些最重大的问题。"英国法尔茅斯大学的迈克尔·库克（Michael Cook）说道。它涉及方方面面，从选择最佳角色赋予故事引人入胜的视角，到生成单个句子和流畅自然的语言这些基本内容。

人们在 20 世纪 70 年代开展了 AI 故事生成的早期工作，聚焦于将叙事串联起来的因果关系问题上。1977 年，美国加州大学欧文分校的詹姆斯·米汉（James Meehan）开发了颇具影响力的程序 Tale-Spin，这是较早的案例。该软件按照伊索寓言的风格生成与动物有关的故事。人类用户给每个角色设计目标和用于实现目标的计划库。如果用户选对了目标和计划的组合，那么角色就会依此展开行动，一段叙事就此生成。

角色动机

不过这些系统是否能成功生成故事全靠撞大运。最关键的驱动是引入作者的目标并将其置于压倒一切的地位，其引导角色的行动，并走向期待的结果。此时，各角色不再独立行动，而是可以互相协调，以确保它们或是在故事结尾都"从此过上幸福的生活"，或是有别的结局，视情况而定。但是过多的协调会产生令人不满意或不切实际的故事，并且给人这样的印象——各角色正在共同努力以实现作者的目标。

美国佐治亚理工学院的马克·里德尔（Mark Riedl）从事讲故事 AI 的研究，得到了各种不同组织的支持，比如迪士尼公司、美国国防高级研究计划局。他试图赋予 AI 以角色动机，避免出现它们有合谋行为的假象，以此绕过这个问题。

最新消息：机器人抢得独家新闻

2014 年 3 月 17 日早晨 6 点 28 分，《洛杉矶时报》发表了关于加州地震的报道，该地震 3 分钟前刚刚发生。文章内容翔实但简明易懂："据美国地质调查局报道，本周一早晨，距加州韦斯特伍德 5 英里的地方发生里氏 4.7 级浅源地震，时间为太平洋时间早上 6 点 25 分，深度 5 英里。"这篇报道署名是该报记者、程序设计人员肯·施文克（Ken Schwencke），但应归功于施文克的计算机，它在没有人为输入的情况下写好了这篇报道。

读者不一定注意到了这点。那个月早些时候，瑞典卡尔斯塔德大学的克里斯特·克莱瓦尔（Christer Clerwall）让他的 46 名学生阅读有关美国国家橄榄球联盟（NFL）赛事的两篇报道之一，并评估文章的质量和可信度。学生们并不知道，其中一篇为《洛杉矶时报》记者撰写，而另一篇则由软件"操刀"。阅读这篇由计算机生成的简明新闻的 27 名学生，近一半人相信这是人类写的。

由计算机基于事实、快速生成新闻报道的方式日益普及，因为新闻故事是对事实的直白表述，所以适合自动生成。创意写作则是另一回事，整个故事可以用人类对日常物品内涵意义的提取总结来讲述。以海明威的六字悲剧为例："售：婴儿鞋，全新"。这远远超出了新闻报道的复杂度，需要有广博的知识、对世界的深刻了解。

早期系统的另一个问题是，它们依赖手工编码知识，这限制了它们的想象（假装的）范围。这正是新一拨讲故事机器人正在迅速提高的地方。例如，里德尔有一个系统名为 Scheherazade，它借助提问来学习。当 AI 认识到自己不知道如何做某事时（比如如何让两个角色在餐馆相遇），它就会在 Internet 上发布问题。然后在一些众包平台上（如亚马逊的土耳其机器人），人类会提供一些书面示例，说明不同场景下可能发生的事情，比如首次约会或银行抢劫。该系统从这些例子中了解新情况，然后将其编成故事。

故事转折

当然,好故事不只是对事件的逐一详尽记录。寻常事情意想不到的反转往往引发高潮。理解对象具有哪些属性或它们可能含有的文化意义至关重要。它使得故事讲述者富有创造力、思路别出心裁、能时时给人惊喜。"我们怎样才能让 AI 明白,水壶可以用作武器,尽管几乎从未有人这么用过?"库克问道。

即使计算机能够很好地把握现存的无数系统和意义,如何编点东西出来,依然称得上一种挑战。例如,假设机器使用的一个技巧,反转它所了解的某种世界常识。猴子喜欢香蕉,如果它们反而害怕香蕉,那怎么办?房屋有门,如果没门,会怎么样?

然而,要判断一项发明是否是新的,AI 需要将其与已有的东西作比较。"比方说,你脑子里冒出个想法——熊也是家具,你想知道,这种革命性的熊椅混血儿想法够不够新颖。"库克说道。因而你要查看所有自己知道的熊和家具类型,看看是否存在任何重叠。

不过 AI 判断新颖性这一功能的强弱完全取决于其提取信息所用到的数据库的好坏。"AI 或许会想出令人激动的新动物,"库克说道,"一种不会飞的鸟!"如果它知道的所有鸟都能飞,那这应该在其新颖程度列表上排得很高。但是,如果将企鹅添加到数据库中,这个想法就不再那么新奇了。

我们要再次提到,向人类学习会有帮助。不过除了熊椅和不会飞的鸟之外,还有更多可以虚构的事物。对里德尔来说,故事是否有趣,在很大程度上要看相关事件的发展是否出乎意料。我们能够预测到所有情节的银行抢劫故事不太可能让任何人为之惊叹。叙事理论家常说,只有包含违反常规内容的故事才值得讲述。

但这不仅仅是打破任何旧规则的问题。有些违反惯例的事情相当琐碎,有些则荒诞不经。机器不一定知道何时打破规则有益，何时有害。在开始推断什么东西属于非典型性的之前，AI 必须了解那些典型性、代表性的东西。

将计算机从这个陷阱中解救出来的方法之一是教它们使用隐喻。"隐喻是一种认知杠杆，能让人类将他们在某个领域的知识投射并放大到另一领域。"维勒说道。例如，"生活是游戏"的说法拓展了"生活"这一概念。为了让计算机具备类似的能力，维勒创建了"隐喻磁铁"（Metaphor Magnet）程序，它可从谷歌缓存文本中学习常见隐喻，然后使用同义词词典，将隐喻中的概念拆解出来，以找到新的概念。

三个小说工厂

坐好了吗？最新的故事生成系统正在学习编写故事，而它们首先要弄清人类世界的运作方式。一些用 Canvas 技术开发的众包平台上有与各种活动相关的问题，比如初次约会或银行工作。另一些则挖掘在线概念数据库，如概念网（ConceptNet），以扩展它们对常见对象和事件的了解，然后将其反转为虚构小说。以下是其中几个系统：

Scheherazade 系统

Scheherazade 系统由美国佐治亚理工学院的马克·里德尔及其同事开发完成，能够讲述任何可通过因特网了解到的世界里的故事。在像亚马逊的土耳其机器人这样的众包平台上，该系统会提出问题，请大家描述能发生在各种不同场景中的样本行动，比如银行抢劫。以下是一位群体工作者的部分回应。

约翰打开了银行的门。

约翰走进打开的银行门。

约翰环顾银行内部。

银行柜员萨莉注意到了约翰。

约翰走近萨莉。

萨莉对约翰笑了笑。

约翰向萨莉问好。

约翰告诉萨莉他有枪。

Scheherazade 系统将很多类似这样的行动序列串联在一起，以了解哪些行动可能发生，以及它们出现时必须遵循的顺序。然后，它把这些片段编写成给定领域的原创故事集。以下是一篇基于银行抢劫场景的作品。

约翰吃不准这到底是不是个好主意，他又深吸了一口气，然后走进银行。他排到最后一个人的后面，等着轮到自己。前面的人办完后，约翰慢慢走向萨莉。这位柜员说道："你好，我叫萨莉，能帮你做些什么？"约翰走上前，萨莉吓了一跳，因为他看上去很可疑。约翰掏出藏在夹克口袋里的手枪指向萨莉，用严厉的眼神看着她。萨莉惊恐万分地尖叫起来，怕自己会丢掉性命。约翰粗声粗气地要钱，将空袋子扔到柜台上。他看着萨莉装袋，等她一装满，他就从她手里抢过袋子。萨莉悲伤地抽泣起来，感觉眼泪从自己脸上流了下来。约翰快步走出银行，爬上他的卡车，把钱袋扔在旁边的座位上，"砰"的一声关上车门，伴着轮胎的尖锐摩擦声，他开出停车位，疾驶而去。

以下是用同样方式生成的另一个故事，这次讲的是看电影约会。

约翰手心冒汗、心跳加速，他开车去萨莉家赴他们的首次约会。

萨莉漂亮的白色连衣裙在风中舞动，她小心翼翼地上了约翰的车。约翰和萨莉驱车前往电影院，到达后将车停在停车场。因为事先早有准备，约翰已提前买好了电影票。门前站着面色苍白的引座员，约翰出示票后，他们走了进去。萨莉觉得口渴，于是约翰急忙赶在电影开始前去买了饮料。他们找到两个比较靠后的好位子。约翰坐下来，把扶手抬起来，这样他就能和萨莉依偎在一起。电影放映时，约翰紧张地抿着他的饮料，时不时看向萨莉。最后，他终于鼓起勇气伸出手臂搂住了萨莉。感觉到她有回应，向他靠得更近了，约翰如释重负、欣喜若狂。中途萨莉起身去卫生间，离开前羞涩地冲约翰笑了笑。虽然约翰的手上都是汗水，但他们在整部电影中始终手牵着手。约翰和萨莉慢慢从座位上站起来，他们仍然拉着手，约翰带着萨莉穿过涌出电影院的迷宫般的人群，朝他的汽车走去。他们离开黑暗的电影院，重新回到街上，当约翰推开电影院的门并扶住等萨莉通过时，明亮的阳光让他暂时眼前漆黑一片。约翰为萨莉打开副驾驶一侧的车门时，才松开萨莉的手。不过她没上车，而是走上前拥抱了他，并给了他一个大大的吻。约翰开车把萨莉送回了家。

Flux Capacitor 系统

爱尔兰国立都柏林大学的托尼·维勒及其同事开发出能生成"人物弧光"（character arc）的系统，人物弧光可作为故事种子来使用。Flux Capacitor 系统利用隐喻生成器将多个概念结合起来形成"角色转换"（role transition）。例如，系统选取两个相反的概念（如"可爱的"和"可怕的"），并与看似合理的角色相匹配，比如"可爱的小丑"和"可怕的巫师"；然后借助这世上的基本知识，将这些角色串联成貌似可信的人物弧光。这里有几个例子。

● 是什么导致可爱的小丑从马戏团退休，然后学习巫术而成为可怕的巫师?

● 是什么促使抱怨不休的抗议者厌倦游行,然后开始拥有信仰而成为虔诚的信徒?

● 是什么令声誉良好的记者被新闻媒体抛弃,然后染上窥视癖而成为肮脏的偷窥狂?

● 是什么推动愚蠢的演员退出演艺圈,然后吸引大批信徒而成为虔诚的传教士的?

● 是什么引发衣衫褴褛的乞丐重返家园,然后进入医学院而成为干净整洁的外科医生的?

Flux Capacitor 系统使用推特账户 @MetaphorMagnet 发布推文开展工作,该团队希望利用人类粉丝的反馈来完善改进该系统。

假设机器

伦敦大学金史密斯学院的特蕾莎·兰诺及其同事正在构建一个系统,能够生成类似迪士尼和卡夫卡式[①]的故事构思。假设机器反转了我们通常附加到概念上的属性,从而创建虚构场景。

人类角色

● 如果有个小个子男人忘记了如何修剪草坪,会怎么样?

● 如果有个小律师学会了如何达成一致,会怎么样?

● 如果有个小宝宝学会了走路,会怎么样?

---

① 作家弗兰兹·卡夫卡(1883—1924)的作品将荒诞的场景、处境、整体与真实的现实、心境、细节结合在一起,形成了独特的风格,卡夫卡式可理解为卡夫卡的写作风格、特色。

● 如果有个小矮人学会了如何融化，会怎么样？

动物角色

● 如果有只小猴子害怕香蕉，会怎么样？

● 如果有只小狗害怕爱情，会怎么样？

● 如果有只小狗害怕骨头，会怎么样？

● 如果有条小蛇害怕活耗子，会怎么样？

● 如果有只小鼹鼠找不到洞，会怎么样？

● 如果有只小蜜蜂找不到花蜜，会怎么样？

● 如果有只小绵羊找不到草地，会怎么样？

物体角色

● 如果有一个小轮子丢失了它的刹车，会怎么样？

● 如果有一本小书丢失了它的故事，会怎么样？

● 如果有一张小桌子丢失了它的椅子，会怎么样？

● 如果有一间小房子丢失了它的门，会怎么样？

● 如果有一枚小炸弹忘记了如何伤害人，会怎么样？

● 如果有一颗小恒星无法爆炸，会怎么样？

● 如果有一支小钢笔无法书写，会怎么样？

● 如果有一首小曲子无法用于娱乐，会怎么样？

● 如果有一把小枪无法实施杀戮，会怎么样？

卡夫卡式

● 如果有个女子在农场，一觉醒来变成了山羊，但仍然会说话，会怎么样？

● 如果有个男子在田里，一觉醒来变成了狗，但仍然会使用电话，会怎么样？

超现实主义

● 如果田里有位长着萝卜脸的雇工，会怎么样？
● 如果院子里有位长着青椒脸的牧羊人，会怎么样？

场景

● 如果所有的诗人都不再以诗为乐，而开始饮酒，会怎么样？
● 如果有一只上了年纪的狗再也跑不动，而它过去常以此为乐，于是决定骑马，会怎么样？
● 如果有机器人只能借助使用定理来理解爱的概念，会怎么样？
● 如果有位舞者只能用手而非脚来跳舞，会怎么样？
● 如果有台电梯没有电线却可以升到天堂那么高，会怎么样？

从教师到毒贩

借由分析对立和相关的概念，"隐喻磁铁"还可以帮忙在故事中传递"角色弧"。以电视剧《绝命毒师》（Breaking Bad）为例，该剧的主角从父亲、教师演变为毒贩、犯罪团伙头目。故事开头和结尾之间的角色对比催生出回味无穷的叙事。

为了产生类似的"弧光"，"隐喻磁铁"首先确定一对相反的概念，如"可爱的"和"可怕的"。然后，它寻找可以应用这些概念的角色——"可爱的小丑"和"可怕的巫师"。之后利用对世界的一点了解，它将这些元素串联成看似合理的过渡转折，为故事提供种子：是什么导致可爱的小丑从马戏团退休，然后学习巫术而成为可怕的巫师？

"CEO 成为董事长的故事非常可信，因为二者职位类似，"维勒说道，"但冲突在哪里？不可一世的 CEO 失去一切变成流浪汉的故事怎么样？这才有趣。"

要想弄清楚什么是好的"人物弧光"，部分问题在于对"悬念"的理解。里德尔的团队已建立了模型，将悬念与角色计划摆脱困境的成功可能性相互关联起来。这使得里德尔的系统能够评估情节中的悬疑程度。

拼图的各个部分正在拼接在一起。那么我们将如何运用这些系统呢？有一个实际应用的方向是生成人类无法维护的庞大故事。例如，在收购 Oculus Rift 后不久（这是一家主营业务为出品虚拟现实设备的公司），Facebook 表示希望打造首个拥有 10 亿用户的在线角色扮演游戏。虚拟世界必须由做有趣事情的有趣角色构成。若一个世界变得足够大，人类游戏设计者便无法再用手工制作角色、故事情节及任务。

不过，未来的故事生成系统并不仅仅是小说流水线。讲故事的机器也将了解我们世界的运作方式。我们的计算机或许会给我们带来惊喜和乐趣、发起辩论、揭示变化的可能性、突出矛盾和讽刺，并常常促使我们更多地参与智能层面的活动。

里德尔还相信，能够掌握讲故事基本功的 AI 会对事实分析有用。AI 调查新闻可受益于虚构故事的生成，为现实世界中发生的事情创建假设，然后寻找更多的其他事实来证实或反驳这些假设。例如，有关失踪飞机可能发生的事情的故事可以指导搜索行动。

采访：超越图灵测试

马克·里德尔是美国佐治亚理工学院交互计算学院娱乐智能实验室主任。他的工作横跨 AI、虚拟世界、讲故事等领域。他认为图灵测试太容易了。在他心目中，创造力才应该是类人智能的基准。因此他将其发展为一种新形式，名为"洛芙莱斯测试 2.0 版"（Lovelace 2.0 Test）。

图灵测试的要素有哪些？

图灵测试是一项思维实验：如果有人仅使用文本聊天或类似的方式与对方交流，在过程中无法分辨对方是计算机还是人，那么他们聊天的内容一定是智能的。阿兰·图灵于 1950 年就该主题撰写其开创性论文时，并未提出如何实际运行该测试的建议。他试图说服人们相信，计算机可能具有类似人类的能力，但他在定义智能上步履维艰。

为什么你认为该测试需要升级？

迄今为止，它至少已被聊天机器人打败了三次，而几乎每个 AI 研究人员都会告诉你，他们认为聊天机器人并不算智能。

2001 年发布的洛芙莱斯测试试图解决这个问题，对吧？

是的。这项测试以 19 世纪数学家阿达·洛芙莱斯的名字命名，它基于这样的理念——如果你想在 AI 中看到类似人类的能力，那就一定不能忘记，人类能创造新事物，而这需要智能。因此创造力成为智能的代名词。开发该测试的研究人员提出，可以要求 AI 创造些什么（如故事或诗），只有当该 AI 的程序设计者无法解释它是如何得出答案时，才能判定其通过了测试。问题是我不确定这个测试是否有效，因为程序设计者不太可能弄清楚他们的 AI 是如何创造东西的。

你的洛芙莱斯测试 2.0 版有何不同?

在我的测试中,我们有一位人类评判者坐在计算机前。他们知道自己在与 AI 交互,会给它布置包含两个部分的任务。首先,他们要求其创造一件人工作品,比如故事、诗歌或绘画。其次,他们提出创造标准。例如:"给我讲一个猫咪拯救世界的故事。"或是:"给我画一张男子抱着企鹅的画。"

这些人工作品必须达到一定的审美水平吗?

不一定。我不想把智能和技巧混为一谈:普通人会玩《看图说词》(*Pictionary*)游戏,但画不出毕加索水平的作品。所以我们不应该要求我们的 AI 具有超级智能。

AI 创造出人工作品后会怎么样?

若评判者对结果满意,他们会提出另一个更困难的要求。周而复始,直到 AI 被判定执行任务失败,或评判者确信其已显示出足够的智能。多轮任务意味着你得到的是分数,而非通过或失败这样的二元结果。我们可以记录评判者的各种不同要求,这样他们就能针对很多不同的 AI 进行测试。

所以你的测试更像是 AI 比较工具?

完全正确。我不喜欢对 AI 实现类人智能所做的事情做出明确预测。这是个危险的话题。

虚拟艺术大师重新定义创造力

要创作杰作,真的非得人来做吗?几年前,在一间能够俯瞰法国熙熙攘攘的巴黎艺术街区屋顶的阁楼里,西蒙·科尔顿(Simon Colton)小心翼翼地展开一幅又一幅的巨幅画作。其中一幅名为《跳舞的旅行商问题》（*The Dancing Salesman Problem*），以黑色背景跳舞的彩色人像为焦点。作者用悠长而流畅的笔触描画舞者，使他们看起来动感十足。他们扭曲成美丽的姿势，鲜艳明亮的色彩使得画面栩栩如生。该作品可能永远不会被所有人称赞，但或许你已在画廊中驻足欣赏过。

然而，这些画作都不是普通艺术家的作品，也不是由科尔顿创作的，他当时是伦敦帝国理工学院的计算机科学家，现在在英国法尔茅斯大学工作。相反，它们是由名为"绘画傻瓜"（Painting Fool）的软件创造出来的，该软件可寻找艺术灵感，而且可以认为，它具有初步的想象力。虽说它是由科尔顿设计的，但它创作的艺术品却属于它自己，此外，该软件作画并不基于现有的图片。

正如其开发者宣称的那样，越来越多的计算机软件拥有创造性才能，"绘画傻瓜"只是其中之一。智能 AI 作曲者创作的古典音乐已能让听众如醉如痴，甚至让他们误以为创作乐谱的是人类。机器人绘制的艺术品已被售出数千美元，并且挂在享有盛誉的画廊里。能够创造程序设计人员无法想象的艺术的软件已被开发出来。"这让很多人感到害怕，"伦敦大学金史密斯学院的计算创新研究者杰伦特·威金斯（Geraint Wiggins）说道，"他们担心这会夺取一些对人类有特殊意义的东西。"

尽管有些动物（如乌鸦、猴子）表现出可称为有限创造力的特征，但我们是唯一能够经常性实施复杂创造性行为的物种。如果我们能把这个过程分解为计算机代码，那将置人类的创造力于何地？"这是人类的核心问题。"威金斯说道。

在某种程度上，我们都熟悉艺术逐渐计算机工业化。用于创造或篡改艺术的软件无处不在，但这些仅仅是人类艺术家的工具。问题在于：人类的工作止于何处？计算机的创造力又始于何处？

以最古老的机器艺术家亚伦（Aaron）为例，它是在伦敦泰特美术馆和旧金山现代艺术博物馆展出过画作的机器人，我们思考下这个问题。另外，从某种角度来看，亚伦通过了某种创造性的图灵测试——它的作品不错，足以和一些最好的人类艺术一起展出，人们愿意为其作品埋单。亚伦能够用自己的机械臂拿起画笔，自行在画布上作画。这或许令人印象深刻，但它永远无法冲破自己受到严密控制的规则藩篱。这些规则是它的程序设计者、艺术家、机器美术的创始人哈罗德·科恩（Harold Cohen）给予的。评论者指出，亚伦只不过是科恩实现自己创意的工具。

不同的绘画

科尔顿热衷于确保"绘画傻瓜"拥有尽可能多的自主权。虽然该软件不在画布上用真的颜料作画，但它以数字化方式模拟了很多绘画风格，从拼贴画到各种用笔的绘画。"绘画傻瓜"只需很少的指导，而且会借助上网寻找素材来提出自己的想法。"我甚至不给它关于人或主题的想法，"科尔顿说道，"它会在早晨醒来，看看报纸头条。"该软件可自行上网搜索，并在社交媒体网站（如推特、图片分享网站 Flickr）上撒网式搜寻资料。

赋予其自主权的理念可以让它创作出对观众有意义的艺术，因为其本质是在借鉴人类的经验，正如我们在网上做事、感受、辩论一样。2009 年，科尔顿和研究生安娜·克热奇科斯卡（Anna Krzeczkowska）要求"绘画傻瓜"基于一则新闻故事产生自己对阿富汗战争的表达。结果令人震惊，它将阿富汗公民、爆炸、战争坟墓并列放置。"这幅作品引起了我的共鸣。这显示出该软件有为自己的画作添加感伤和意向性的潜力。"科尔顿评价道。

"绘画傻瓜"也可以从零开始创作图画。它有一幅原创作品，是科尔顿称之为《四季》系列的一部分，描绘了简单景观，画面模糊。然而，若不对软件制作和人类制作的艺术采用双重标准，则我们很难判断其有多好。科尔顿认为，我们应该记住，"绘画傻瓜"画这幅风景画时没有参考照片。"如果小孩只靠自己的脑袋画出新场景，你会称其有一定的想象力，哪怕只是一点点，"他说道，"对待机器也应如此。"

软件缺陷也可能带来出人意料的结果。在"绘画傻瓜"的全部作品中，有几幅属于意外惊喜。例如，多亏了一个小故障，一些椅子画变成了黑白的。这使得作品呈现出怪诞、幽灵般的特性。像埃尔斯沃斯·凯利（Ellsworth Kelly）这样的人类艺术家因限制使用色彩而颇受嘉许，那么，为何计算机该受到区别对待呢？

意外惊喜带来的新玩法

英国法尔茅斯大学的迈克尔·库克是西蒙·科尔顿的同事，他开发了名为"安吉莉娜"（Angelina）的 AI，它可以设计自己的电子游戏。库克视游戏为探索计算机创造力的理想媒介，因为它们可同时利用多个学科，从视听设计到为玩家带来迷人体验的规则抓取。

与科尔顿一样，库克也发现，软件缺陷可使他的系统实现创新飞跃。"安吉莉娜"使用多种不同的技术制作游戏，包括在线阅读新闻，并将发现的主题融入其游戏中，就像"绘画傻瓜"作画时那样。"安吉莉娜"还能将现有游戏的代码作为起点，然后完善其功能，使之成为新的游戏。

库克表示，能够挑选设计素材是一大进步。在此之前，该系统通过将给定的规则组合在一起来提出游戏机制。"它会像拼图游戏一样以新的方式把它们拼凑在一起，但我对此从来都不甚满意，"库克说道，"毕竟，它需要我将那些拼图图块递给它。"

"安吉莉娜"靠自己发现并测试游戏可能实现的内容，比如重力反转、跳高、隐形传送。库克首先提供一个无法解决的游戏关卡，比如在开始和退出之间设置一堵墙。然后，"安吉莉娜"使用它在现有游戏中发现的思路，在迭代过程中重新设计关卡——做出改变、测试它们、做进一步的调整，直到该关卡生效。"这更接近于人类编程时所做的事情。"库克说道。

更巧妙的是，它发现了库克代码中的漏洞，并利用它们创造出新的游戏关卡。例如，游戏代码错误地让玩家在墙内传送，并仍然允许角色跳跃。于是"安吉莉娜"发明了一种跳墙技术，玩家可以通过反复传送和跳跃爬上垂直墙。"这就是我觉得创建一个独立于我之外的系统如此重要的原因。"库克如是说。

在另一个例子中，"安吉莉娜"发现了可用于使玩家能够弹跳的代码，这是库克一直没有意识到的。"我只看到过几款以这种方式运用弹跳的游戏，"库克说道，"甚至专业开发人员也不一定会想到这些事情。"

"安吉莉娜"也是第一个参加"游戏创作节"的非人类选手，这是一种非正式竞赛活动，人们在短短几天内聚在一起创作一款新游戏。为了节省时间，"安吉莉娜"事先得到了游戏规则，这些规则是预编码模板的变体。但其余工作都要 AI 自己来做，包括审美选择。它创作的游戏场景有一些血红色的墙壁，配的音乐令人心绪不宁，营造出不同寻常的氛围。其他玩家并不知晓这是 AI 的作品，他们对它的表现做了评判，将其结果描述为"令人毛骨悚然""有点怪异且让人不安的气氛"——从打造吸引人的体验的角度来看，这种效果是值得赞许的。

有争议的作曲者

像科尔顿这样的研究人员认为，我们已花费数千年来发展自己的技能，在这种情况下，将机器的创造力直接与我们的进行比较是不合适的。不过另一些人对计算机的创作前景非常痴迷，认为它或许能够像我们最好的艺术家那样创作出具有原创性、情感丰富、精细微妙的东西。到目前为止，只有一位已接近这一愿景。

1981 年的一天，大卫·科普（David Cope）正在遭受"作曲者障碍症"的折磨。他受委托写一部歌剧，但绞尽脑汁也写不出来。他想，要是有计算机能了解他的风格，并帮他写新曲子该多好。这个想法成了迄今为止最具争议的创意软件之一的起点。科普开发了名为音乐智能实验（Experiments in Musical Intelligence, EMI）的程序。他输入一些乐谱，然后机器吐出符合他风格的新曲子。EMI 不仅创作出属于他的作品，还能谱写那些最受尊敬的古典音乐作曲家格调的乐曲，包括巴赫和莫扎特。

对于没有受过训练的耳朵来说，它听上去和任何古典音乐并无二致，有时还显得内涵更深刻、情感更丰富。听过该音乐的人被感动得热泪盈眶，EMI 甚至骗过了古典音乐专家，让他们以为自己听到的是真正的巴赫。如果说曾有机器成功通过了针对计算创造力的图灵测试的话，那非它莫属了。

然而，并非所有人都为之赞叹。一些评论者（如威金斯）严厉抨击科普的工作是伪科学，说他对该软件工作原理的解释"像烟雾和镜子般弄虚作假、令人困惑"，让其他人无法重现其结果。美国印第安纳大学伯明顿分校的道格拉斯·霍夫斯塔特（Douglas Hofstadter）表示，科普只是触及了创造力的表面，使用艺术家作品的浅层元素来制作复制品，而创造力仍然依赖原创艺术家的创作冲动。

尽管如此，但对其他人来说，EMI 模仿巴赫或肖邦的能力可谓意义深远。如果将世上最富原创性作曲家的风格分解成计算机代码是如此容易，那就意味着，一些最优秀的人类艺术家比我们想象的更像机器。事实上，当听众发现 EMI 的真相时，他们往往会出离愤怒。据说，一位音乐爱好者曾告诉科普，他"杀死了音乐"，而且试图揍他。在这样的争议中，2004 年，科普认为 EMI 应该寿终正寝了，于是摧毁了其至关重要的各个数据库。

有那么多人都喜欢这种音乐，但为什么当他们发现作曲者是计算机时就心生厌恶而拒绝了呢？英国格拉斯哥卡利多尼安大学的计算机科学家大卫·莫法特（David Moffat）做的一项研究提供了线索。他同时请专业音乐家和非专业人士评估六首曲子的创造性价值。参与者事先不知道这些曲子的作者是人类还是计算机，而是被要求凭借自身猜测，然后评价对每首曲子的喜爱程度。或许结果在意料之中，曲子如果被猜测为作者是计算机，那比起被猜作者是人类的曲子，更难令人喜爱。实际上在专家中也是如此，而你可能会认为他们在分析音乐品质时更加客观。

这种偏见从何而来？耶鲁大学的心理学家保罗·布鲁姆（Paul Bloom）估计：我们从艺术中获得的部分乐趣来自我们对其背后创作过程的看法。这被布鲁姆称作"不可抗拒的本质"。这个想法解释了这种情况——一幅画在被曝光为赝品时会失去它的价值，尽管我们在认为它为原作时可能会始终喜欢它。事实上，纽约大学心理学家贾斯汀·克鲁格（Justin Kruger）的实验表明，若人们认为创造某件艺术品需要更多的时间和精力，则对其的欣赏程度会提高。

同样，科尔顿认为，人们在体验艺术时，会与艺术家展开一场对话。我们想要知道艺术家可能拥有的思想，或是思考他们试图告诉我们的内容。而由计算机来制作艺术品时，这种推测和思索过程被大大缩短——没什么可探索的了。但随着软件变得日益复杂，在艺术中寻找更深层的东西或许会成为可能。这就是科尔顿要求"绘画傻瓜"搜寻在线社交网络以获取灵感的原因：希望通过这种方式，它能选择一些对我们也有意义的主题。

无意识创造力

道格拉斯·霍夫斯塔特认为，机器变得越复杂，尤其是如果它们能与物理世界进行更多互动的话，我们就越容易接受它们创作的艺术。如果机器人偶然遇到一些事情并有了目标，还会有或成功或失败的结果，或许来说这就足够了。"它们会有些乏味、可笑，偶尔还要来点逞能行为，"他说道，"我觉得人们不会对某些创造行为感到不舒服，比如写文章、作曲或画画。"然而现实是，机器目前缺乏这种自我意识，这或许是计算创造力最令人厌烦的因素。你连意识都没有，怎么可能有创造力呢？

令人惊讶的是，意识可能并不像我们想象的那样对创造力起决定性作用。即使我们无意识地思考，我们的大脑也能创造性地运转，贝鲁特美国大学（American University of Beirut，位于黎巴嫩）的神经学家阿恩·迪特里希（Arne Dietrich）这样表示。请你马上回想一下那时候，对于已经忘记的某个问题，解决方法突然闪入你的脑海。创造力存在不同的类型，有些有意识，有些无意识。它可能产生于你刻意创造某些东西的时候，也可能在你睡觉的时候出现。

无论如何，迪特里希相信，有创造力大脑的运转方式可能和软件的非常相像。神经学家怀疑，创造力本质上是一种发现能力，根本不是什么神秘天赋，它由大脑中的机械式过程驱动，产生一些可能的解决方案，然后系统性地消除它们。他认为，我们对计算机创造力不屑一提，倾向于觉得它比我们自己的低等，这来自人类文化中根深蒂固的二元论。他表示："我们高估了自己，低估了它们。"

作为一名神经学家，迪特里希表示，他视大脑为机器，并不认为机器创造力有何不同之处。以这种方式来考虑，认为人类大脑具有独特的创造性天赋的观点似乎有局限性。其他人会接受这个想法吗？科尔顿认为，诀窍在于不要再试图将计算机艺术家与人类艺术家作比较。如果我们能原原本本敞开胸怀拥抱计算机的创造力，停止尝试令其看起来像人类，那么计算机不仅将教会我们与我们自己的创造天赋相关的新事物，而且可能会以我们无法想象的方式变得富有创造性。它们正在创造全新的艺术形式，有潜力给我们带来欢乐、挑战和惊喜。

机器中的缪斯女神

交出通往创造力世界大门的钥匙就会丢掉作为人类的一些东西吗？于迈克尔·库克而言，AI能够创造艺术品的未来不会剥夺我们任何东西——实际情况恰恰相反。他认为，AI在民主化创造力和降低人们进入创意世界的门槛方面能发挥重要作用。如果AI可以写故事或绘画，那么它就能评论故事。这就意味着，它可以作为助手，帮助那些想自己创作却不知从何起步，或是在某些方面遇到困难的人。库克指出，拼写检查器和图像编辑软件中的一些工具就是这样的实例，说明计算机能提供更好的帮助。"目前的融入水平还很差，"他说道，"我们希望打造同时可以是导师、缪斯女神和观众的软件。"

采访：你如何教计算机创作？

西蒙·科尔顿是英国法尔茅斯大学的数字游戏技术教授。对于他所开发的软件，他表示，如果其表现方式是从人类身上看到的，那么人们会认为其具有创造性，比如给他画像。软件也可以有艺术天赋或实现数学发现，但要想使其出类拔萃，我们必须赋予它合适的技能。

你设计了名为 HR 的软件，取得了属于自己的发现。它取得了多大的成功？

HR 提出了一种数学结构分类，称为拉丁方阵。就像数独游戏一样，拉丁方阵是由符号组成的网格，其每行、每列都包含每个符号。HR 针对这些结构产生了若干最早的代数分类。其中一个 HR 版本也提出了哥德巴赫猜想——任何大于 2 的偶数均可表示为两个素数之和。

数学家是否有兴趣使用该系统？

我们发现数学家喜欢让软件做些无聊琐碎的工作——大量计算和已经被确认的简单证明。而对于创造性的事情，比如发明概念和发现猜想，他们喜欢自己做。我曾给诺贝尔经济学奖得主、计算机科学家赫伯特·西蒙（Herbert Simon）发过电子邮件，内容是 HR 已经证明出的某个猜想。他后来告诉我，他没有全读完，因为他尝试自己完成证明。而他的妻子最终不得不叫他上床睡觉。

你是如何让软件有所发现的？

你给它数据，希望能发现一些与之相关的东西，但不是寻找已知的未知（就像机器学习一样，你知道自己要寻找什么，但不知道它是什么样子的），它试图找到未知的未知。我们希望软件能给我们带来惊喜，做我们意想不到的事情。所以我们教它如何做通用／一般的事情，而非特定／具体的事情。这与我们在计算机科学领域做的大部分工作相矛盾，后者都是为了确保软件完全按照你的要求运转。要让人们明白这一点需要很大的努力。

计算机能取得突破吗？

我觉得，只有当软件能够自行编程时，我们才能见证计算机取得真正的发现。最新版本的 HR 是专门为编写自己的代码而设计的。但这是个挑战，事实证明，编写软件是人们做的最困难的事情之一。最后还有，有些数学概念无法转化为代码，尤其是那些涉及无穷大的概念。

你们的另一个程序"绘画傻瓜"能创作肖像画。人们对这种创造力作何反应？

如果计算机能反复不断地取得巨大成绩，数学家们就会认可它们具有创造性。但在艺术界，人们需要更有说服力的东西。买一幅画对你来说可能有很多原因，但其中之一无非是因为它和你的沙发很配。而喜欢一幅画时，你赞美的是蕴含其间的人性。我们怎样才能让软件做到这一点呢？

我无意做图灵测试，在该测试中，我们试图让人们困惑，不知道正在做事情的对方是人还是机器。我们希望人们能够理解软件以自己的方式所做的事情。但计算机不会取代在创意产业中工作的人们，因为我们将总是为人性付出代价——为人类的鲜血、汗水和眼泪。

AI 的艺术发展历程

1973 年

机器人亚伦画出了抽象画，这些画曾在伦敦泰特美术馆和旧金山现代艺术博物馆展出。

首个故事自动生成系统"小说作者"（Novel Writer）创作出发生于周末派对的谋杀故事。该故事经由赋予各角色以模拟行动而生成。

1977 年

软件 Tale-Spin 按照伊索寓言的风格生成有关森林动物的故事。人类用户为每个角色设定目标及用于实现这些目标的一系列行动。故事从各个角色的模拟互动中产生。

2010 年

名为"安吉莉娜"的 AI 开始创建自己的电子游戏。

大卫·科普的 Emmy 系统（EMI）后来演变为埃米利·豪厄尔（Emily Howell）系统，它推出的首张专辑为《黑暗中的光明》（*From Darkness, Light*）。

西班牙马拉加大学的弗朗西斯科·维科（Francisco Vico）及其同事开发了计算机 Ianus，它使用名为 melomics（"音乐基因组学"）的进化技术，在没有人类指导的情况下创作音乐。Ianus 的音乐在 2012 年阿兰·图灵百年纪念音乐会上演出，并由伦敦交响乐团录制成唱片。

2006 年

AI 软件"绘画傻瓜"根据自己的"心情"以不同的风格绘制肖像画。

2013 年

美国佐治亚理工学院的马克·里德尔及其同事开发出 cheherazade 系统，其能讲述任何自己可通过 Internet 了解到的世界里的故事。

2014 年

IBM 的沃森开始创建自己的食谱。

假设机器开始生成类似迪士尼和卡夫卡式的故事构思。

Flux Capacitor 系统利用基本的隐喻生成器将多个概念结合起来形成故事种子。

Ianus 发行了名为《Omusic》的流行音乐专辑。

1981 年
旨在模仿作者思维的系统
Author 诞生，是首个在故事角
色之上引入作者目标的系统。
因此，该系统能够生成有影响
力的故事，例如，故事朝着快
乐的结局发展。

1983 年
Universes 系统为一系列肥皂
剧集生成故事，剧中角色众多、
故事情节重叠、没有结局。

2004 年
伦敦大学金史密斯学院的弗雷
德里克·莱马里（Frédéric Fol
Leymarie）和帕特里克·特雷
塞（Patrick Tresset）创建了
机器人 Aikon，它能以特雷塞
的风格绘制肖像画，方法是模
仿他的手腕弯曲方式和施加于
笔上的压力。

1987 年
作曲家、计算机科学家大卫·科
普开发出软件"音乐智能实验"
（EMI、Emmy），它能通过学习
人类的反馈，自动生成不同人
类作曲家音乐风格的曲子，比
如贝多芬、肖邦和维瓦尔第。

7

人工智能的真实风险

有关人工智能世界末日的恐惧缘何愈演愈烈?

AI 似乎一直坚持不懈地进步着,而公众的焦虑浪潮也始终紧随其后。几位知名人士已就 AI 可能对人类构成的生存风险发表了意见。但是,对 AI 有朝一日会引致世界末日的恐惧完全是杞人忧天。不过这并不是说毫无风险。AI 可能通过很多方式使我们的世界变得更糟。

忘记天网：AI 的社会影响

　　虚构的终结世界的 AI 上了头条，但这种炒作忽视了我们鼻子底下正在发生的事情。一些人曾瑟瑟发抖地预测，这些智能机器将让无用的人类靠边站；另一些人则看到了终日无所事事的乌托邦式未来。

　　对这些同样不可能发生的结果的关注分散了关于社会影响的讨论，这种影响非常真切而现实，已随着技术变革日益加快的步伐而来。10 万年前，我们依赖狩猎采集者小群体的辛勤劳动生存。近 200 年前，我们进入工业社会，将大部分体力劳动转给了机器。然而，仅仅一代人之前，我们转入了数字时代。如今，我们制造的很多东西是信息（由二进制中的位组成），而非物理对象（由原子构成）。计算机这种工具无所不在，我们的许多体力劳动已被计算所取代。

　　这种快速转变激起了大量的恐惧、多疑情绪，但现实是需要检验的。未来几年，像创造力和发明才能这样的宝贵品质很可能会外包给 AI。但我们不该因此感觉受到了威胁：能够在它们的帮助下做新的事情，我们应该感到高兴和兴奋，正如我们如今使用的数字工具，它们增强了我们交流和创造的方式，并使之多样化。

　　这并不是说，我们对 AI 的繁荣无须任何担心。不过，我们更应关心的并非技术本身，而是如何设计和使用它。AI 已赋予它的控制者巨大的力量。一些公司和其他营利性组织取得了大量突破。它们为谁的利益服务？和其他方面一样，对这一点的答案依然取决于我们自己。AI 无法剥夺我们的工作、尊严和人权，只有其他的人类才能做到这一点。

数据流

智能机器需要收集数据才能工作，尤以个人数据为主。这一简单事实可能会把它们变成监视设备：它们知道我们的位置、浏览历史记录、社交网络。我们能否决定谁有访问权，这些数据用在哪里，数据是否被永久删除？如果答案是否定的，那么我们就没有控制权。

另一个需要关心的问题是说服行为。很多 AI 公司的商业模式是广告，这意味着要让人们点击特定的链接。关于如何引导用户的研究正在顺利进行。机器对我们了解得越多，就越能更好地说服我们。预测界面甚至可能用网络提供的丰富内容积极奖励易被劝说的用户，以此诱使他们"上瘾"。这是需要仔细研究的问题。

从在学术实验室中的早期发展开始，AI 已走过了漫长的道路。它现在正融入我们生活的方方面面。一旦 AI 被设置在隐秘之处，我们往往甚至意识不到它是 AI。但我们或许想要抵制将 AI 引入尽可能多的领域的诱惑，至少在文化和法律框架发展完善之前应该如此。AI 的广泛应用带来了巨大的机遇，但也存在潜在的风险。这些风险没有威胁到我们物种的生存，而是可能侵蚀我们的隐私权和自主权。

求职

英国经济学家约翰·梅纳德·凯恩斯一直认为机器人会代替我们工作。他在 1930 年写道，一切都归结于"我们找到节约劳动力使用方法的速度超过了我们为劳动力开辟新用途的速度"。这并不是坏事。他预言，到 2030 年，我们每周的工作时间将缩减到 15 个小时，剩下的时间都将用于努力过上"明智、愉快、美好"的生活。

这种预言至今尚未变为现实。事实上，如果说有什么变化的话，那就是我们中的很多人的工作比过去更繁重。在发达经济体中，我们已看到大量体力劳动者被自动化设备取代，他们通常在其他地方找到工作，例如服务业。现在的问题是，AI 正把它的手伸向形形色色非单调、不重复的任务，那么这种情况还能否继续下去？

对机器抢走工作岗位的恐惧起码可追溯到勒德派（Luddites）存在的时期，这是一群英国纺织工人，他们在 1811 年发动了一场烧毁工厂的狂暴运动，当时动力织布机使他们变得多余。两个世纪过去了，我们中的很多人可能面临同样的窘况。2013 年，卡尔·弗雷（Carl Frey）和迈克尔·奥斯本（Michael Osborne）参与了牛津大学的牛津马丁计划，该计划研究未来技术的影响。他们选取了 702 种类型的工作，并根据自动化的难易程度对其排名。结果发现，在 20 年内，机器可完成美国近一半的工作。

这一列表上有电话推销员和图书馆技术人员等职位。紧随其后的工作，并非那些显而易见的，包括模特、厨师和建筑工人，分别受到数字化身、机器人厨师和机器人工厂生产的预制建筑的威胁。受冲击风险最小的职业包括精神健康工作者、幼儿教师、神职人员和舞蹈编导。一般来说，能更成功地存留下来的工作需要强大的社交互动、原创思维和创新能力，或者像牙医和外科医生所展现的那种非常独特的精细运动技能。

接下来会有哪些工作面临威胁？

AI 即将承担很多人类的工作。以下三种工作可能是下一批实现无人化的。

● **出租车司机**：优步、谷歌和各老牌汽车公司都正在源源不断地向机器视觉领域投入大量资金，它们还控制着研发进程。法律和伦理问题将阻碍这一过程，但是一旦启动，人类司机很可能会遭淘汰。

● **转录员**：每天，世界各地的医院都要向专业转录员发送音频文件，这些人员了解医生使用的医学术语。他们将录音内容转录下来，然后以文本形式发送回医院。其他行业也依赖转录工作。机器转录发展缓慢，但可以肯定的是，它正开始迎头赶上，其中很大一部分由呼叫中心收集的人类语音数据驱动。

● **金融分析师**：肯硕（Kensho）公司位于美国马萨诸塞州剑桥市，正使用 AI 来即时回答金融问题，如果靠人类分析师，那可能需要花费数小时甚至数天的时间。凭借对金融数据库的深入挖掘，这家初创公司可回答类似这样的问题："哪些股票会在银行倒闭后的日子里表现最佳？"美国全国广播公司（NBC）的记者也因能够利用肯硕来回答突发新闻的相关问题，而取代了人类研究人员。

自动化的劳动力

AI 已接手一系列的人类工作，从组织香港地铁系统的夜间维护，到帮助开展精细的法律研究，基于 IBM 沃森计算机的 AI 助理 ROSS 也是如此。未来几年，AI 看上去至少会引发劳动力市场的短期动荡。

2012 年到 2015 年，英国电信公司 O2 只用了一款软件就取代了 150 名员工。从事改善 O2 公司运营工作的韦恩·巴特菲尔德（Wayne Butterfield）表示，现在 O2 的很大一部分客户服务都实现了自动化。SIM 卡互换、携号转网、预付费转合同付费方式、解锁 O2 公司的手机——所有这些现在都是自动化的。

过去，人们习惯在相关系统间手动转移数据来完成这些任务，例如，在两个数据库间复制电话号码。用户仍然需要打电话、与人交谈，但现在，实际工作均由 AI 完成。

O2 公司的 AI 在工作中学到了很多东西。它观察人类完成简单、重复性的数据库任务，然后亲力亲为。"它们做的和人类完全一样。"蓝色棱镜（Blue Prism）公司的董事长杰森·金顿（Jason Kingdon）说道，该初创公司开发了 O2 公司的"人工工人"。"如果你观察某个'人工工人'的工作，会觉得看上去有点疯狂。你看到它在打字。继而屏幕会弹出来，你能看到它在剪切、粘贴。"

全球最大银行之一的巴克莱（Barclays）也雇用 AI 处理后台业务。在英国监管机构要求其偿还数十亿英镑的不当销售保险后，它使用蓝色棱镜的系统应对大量涌入的客户需求。如果完全依靠人力来处理突如其来洪水般的需求，那代价将会非常高昂。拥有能够承接一些简单索赔业务的软件代理意味着巴克莱可以雇用更少的员工。

金顿并未回避谈及他的工作所带来的后果："目的是取代人力，打造知道如何像同事一样完成任务的自动化的员工。"

蓝色棱镜和 ROSS 等新型自动化系统的另一个问题是，它们所做的工作都是企业中的初阶工作，这可能会加剧不平等，因为新求职者获得的机会将减少。

机器人同事

另一些人则认为，人们过分夸大了对普遍失业的担忧。富裕国家经合组织（OECD）俱乐部最近的一份工作报告显示，AI 将无法完成与这些工作相关的所有任务（尤其是需要人类互动的部分），而且只有约 9% 的工作是完全自动化的。更重要的是，过去的经验表明，往往会有一些新的工作岗位围绕自动化而形成。

　　根据这种更倾向于凯恩斯主义的观点，技术进步将不断改善我们的生活。最成功的创新是那些起补充作用的，而非掠夺我们的。例如，人们在 2016 年芝加哥举行的年度自动化博览会上见证了"协作机器人"（cobot）的卓越和重要性。设计这种机器人的目的在于让其与人类一起工作，使人们的工作更安全、更轻松，而非取代他们。它们可以帮我们解决问题、广泛交流，或创作艺术、音乐和文学。很多专家支持这一观点。2014 年，美国智库皮尤研究中心询问了 1896 名专家，问他们是否认为，到 2025 年，技术毁掉的岗位要比其创造的多。结果是，乐观者多于悲观者。

　　这并不是说 AI 会改变发展方向。即使它只改变了工作性质，而不是取代工人，它对社会的影响也可能依然巨大。优步等公司开创了零工经济，它凭借算法管理增加了劳动力的灵活性，为客户提供了更多的便利，但却以牺牲工人的权利和健康为代价。AI 可能会加速这一趋势。

　　这一点格外重要：我们的工作是我们身份的组成部分，维护劳动尊严应该是我们社会的核心内容。我们应该努力确保 AI 用于提高工人的技能，而不是把他们挤到枯燥乏味的计件岗位上：把工人非人化是对技术的拙劣利用。

　　要解决这一点，我们面对的是社会、政治问题，而不是技术问题。AI 或许会迫使我们改变经济体系——瞧瞧关于为所有人引入全民基本收入的讨论就知道了。但是，改变应该以人为本，而非由 AI 驱动的高效变革来引领，这种效率使少数人变得富裕，却损害了多数人的利益。当然，我们的命运终究还是由我们自己掌握。鉴于工作有益于我们的健康和福祉，我们可能会选择保护令人心满意足、有回报的工作。会存在不公平和混乱的情况，但数百年来，人类社会一直如此。

硅谷的热门新工作：机器人的助手

我们是否过多地考虑了 AI 可能抢走的工作，而不是它可以创造的？像 Facebook 的数字个人助理 M 那样的服务揭示出，我们中的某些人或许在未来至少能获得一个新职位。

M 是基于 AI 的内置于 Facebook messenger 的数字助理。它能为你预订酒店或航班、推荐餐馆并预订餐桌、采购交付物品或发送最新动态和提醒。是什么样的高科技秘密武器使得 M 有条不紊地开展工作的？是人类，或者用 Facebook 的说法，是 AI 培训师。如果你让 M 推荐一家本地上好的泰式炒河粉店，在反馈给你之前，AI 培训师会复查它的建议。在你告诉它预订一张两人桌时，可能真正拿起电话的是 AI 培训师。所雇人员会注意、验证或调整 M 说的每一句话。"我们发明了一种新工作。" Facebook 发言人阿里·恩廷（Ari Entin）说道。

Facebook 并非唯一考虑利用人类作为幕后工作者的科技公司。位于旧金山的初创公司克拉拉实验室（Clara Labs）开发了一款虚拟助理，你可借助电子邮件来请其帮忙设定日程安排。克拉克是 AI 系统，但当发邮件给它时，你也在不知不觉中与很多检查它工作的人交谈。

总部设在马萨诸塞州富兰克林的 Interactions 公司也在打造"数字会话助理"。这些实体为一些大公司的客户服务热线工作，如美国健康保险巨头哈门那（Humana）公司、提供得州公用事业服务的美国得州能源交易公司（TXU Energy）。Interactions 公司的系统称其人工助手为"意图分析者"。当自动助理遭遇一串自己不太清楚的单词时，它会将它们发送给意图分析者，请其帮忙解释。该人听过后告诉软件下一步该做什么，然后呼叫者的谈话回归正轨。

这种简单的设计伪装成了强大的 AI，但像 Facebook、克拉拉实验室及 Interactions 这样的公司并不只是在精心设计弄虚作假。这表明，工程师们已经非常清楚，人的价值究竟何在。自动化求助热线的名声很差。一项名为 GetHuman.com 的在线服务向人们提供针对不同公司联系电话的特殊提示和技巧，为的就是确保你与真人交谈。

　　为何不继续坚持让人在一线工作呢？大量硅谷的助理 App 都沿着这条路走了下去。其中一款名为 Magic，可以让你向能够提供一系列服务的操作员团队发送短信请求，包括送餐、预订，甚至获取医用大麻。"隐形女友"（Invisible Girlfriend）的服务商在密苏里州的圣路易斯，该应用能让你虚构一个假心上人并和她短信交流，按月付费。在这种情况下，"她"是一群人类工作者，他们轮流上阵，做出情感丰富的回应。

　　因为人的麻烦更多，而且成本高昂，所以有人类助手支持的 AI 很有优势，它将人类大脑的灵活性、创造力和自动机器的不知疲倦、快速、廉价结合在一起，对企业而言益处显而易见。但做机器人的助手是什么感觉呢？

　　Interactions 的副总裁菲尔·格雷（Phil Gray）说，他们的办公室看上去像呼叫中心，但听起来不像。谈话的喧嚣声已被不间断的键盘敲击声取代。"有些人把它比作玩电子游戏。"另一位公司副总裁简·普赖斯（Jane Price）补充道。在"玻璃门"（Glassdoor）网站上，雇员可留下对其工作场所的匿名评论，人们对 Interactions 的评论可谓褒贬不一。一些人称赞其氛围轻松、时间灵活，并说他们享受这种工作的快节奏。另一些人则因工作的重复性而感到麻木。"有时候你会觉得自己正在变成僵尸。"一位前分析师这样写道。

无论你如何称呼这些勇敢的新员工（AI 培训师、意图分析者），他们都身兼双重任务。就目前而言，他们是 AI 的备份，在软件遇到无法处理的问题时填补空白。但他们也在培育 AI，指导其不再犯那些错误。每个训练实例都会添加到不断扩大的训练数据库中，机器学习算法可利用其处理将来遇到的不熟悉的任务。

这是否意味着在未来的某一时刻，AI 将学成出师，令人类培训师失业？Facebook 掌管 M 的亚历克斯·勒布伦（Alex Lebrun）表示，事情并非如此简单。"我们会一直需要培训师，"他说道，"学到的越多，需要学的也就越多，这种学习永无止境。"

办公室间谍

然而，抢走工作并不是 AI 可能找麻烦的唯一途径。因为 AI 可以非常详尽地追踪个人行为，而越来越多的企业滥用技术来监视工作场所中的员工。如果你开始懈怠或显露出违反规则的迹象，就可能有算法向你的老板打小报告。

位于伦敦的初创公司 Status Today 就能提供这样的服务。该公司被纳入英国情报机构政府通讯总部（GCHQ）的网络安全加速器计划，该机构提供技术专业知识并帮助确保投资安全。Status Today 的 AI 平台依赖定期提供的员工元数据，内容无所不包，从你访问的文件内容、查看文件的频率，到你使用公司门禁卡的时间。

该 AI 使用这些元数据构建公司、部门、个人雇员正常工作的图景，然后实时标记出人们的异常行为。其思路是，AI 可以及时探测出，有人偏离他们的惯常行为模式时，可能构成的安全风险。"所有这些都为我们提供了用户指纹，所以，如果我们认为指纹不匹配，就会发出警报。"该公司首席技术官米尔恰·杜米特雷斯库（Mircea Dumitrescu）说道。

例如，若员工开始复制大量他们通常不会去看的文件，该系统就会预警。他们只是在做自己的工作还是窃取机密信息？它还可以捕捉可能导致安全漏洞的员工活动，比如回复钓鱼邮件或打开包含恶意软件的附件。"我们不监控你的计算机是否有病毒，"杜米特雷斯库说道，"我们监测人类的行为。"

但以这种方式捕捉奇怪的安全漏洞意味着要监视每一个人。有些公司已保存员工的元数据，如果出现问题，公司则可用这些数据做回顾性分析。英国保险公司希斯考克斯（Hiscox）最近开始使用 Status Today 平台，立即检测到一名数月前离开公司的员工的账户活动。

除了标记潜在的网络安全警示，该 AI 还可用于追踪员工的工作效率。杜米特雷斯库援引了雅虎公司有争议的例子，该公司禁止员工在家办公，理由是这会降低整个公司工作的"速度和质量"。"我们实际上可以用量化方法来判断这种情况对个体员工是否属实，"他说道，"然后可以基于数据决定是否应该允许他们在家工作。"

你的照片在警方数据库中吗？

华盛顿特区的乔治敦大学法学院 2016 年的一份报告显示，如果你生活在美国，那么有 50% 的概率，你的照片会被收录在警方面部识别数据库中。该报告提到，美国约四分之一的警察部门可使用面部识别技术。

警方使用面部识别技术本身并非问题所在。在一个每个口袋里都装着相机的世界中，他们不这样做才愚蠢。但相比指纹识别，面部识别的应用要广泛得多，这意味着错误地标记无辜者的风险更高。"这是一个未知领域，坦率地说非常危险。"该报告发布时，乔治敦大学这项研究的负责人阿尔瓦罗·贝多亚（Alvaro Bedoya）在一项声明中如是说。

指纹很难搜集。已知罪犯的指纹只能在警察局的受控环境中采集，用粉尘显影法采集指纹非常耗时，只能在相关犯罪现场进行。这也缩小了调查中所涉及的人数。但建立庞大的已识别照片数据库要容易得多。在拥有1.17亿张面部照片的警方数据集中，大多数照片来自州驾驶执照和身份证。在破案过程中，收集面部照片就像用相机对准街道一样容易。参加抗议活动、去教堂或只是路过的人都可能让他们的脸"蒙上粉尘"①，而他们却对此毫不知情。

某些面部识别软件在受控测试中表现得和人类一样好，但处理粗糙的监控录像图像的系统要差得多。如果软件找出的错误匹配比人类调查人员查到的还要多，那么打击犯罪就会变得更加困难。此外，对于警方如何使用该技术、对结果有多重视等方面，目前几乎没有相关规定。在没有指南的情况下，警官可能会高估面部识别系统输出结果的价值，偏爱与这些结果相符的证据。

这样的系统也可能对黑人有偏见。由于黑人被逮捕的频率高于白人，所以面部照片数据库中黑人的面孔过多。这意味着，相对于白人，面部识别系统更有可能将无辜的黑人与犯罪联系起来。更重要的是，一些研究表明，商业面部识别软件分析黑人、女性、儿童面孔的准确度低于对白人男性面孔的分析。这种软件不仅更倾向于将矛头指向黑人，而且在针对黑人时更有可能出差错。

销售面部识别技术的公司主要有四家——德国 Cognitec 公司、日本电

---

① 借用上述"粉尘显影法"一词，意为采集。

气公司（NEC）、美国 3M Cogent 公司、法国莫弗（Morpho）公司，它们均未公开其软件工作原理和训练所用数据集。甚至 FBI（美国联邦调查局）都不完全了解软件在做些什么。2016 年，美国联邦政府审计署就 FBI 的面部识别计划发布了一份报告，称该机构没有检查错误发生的频率。审计署提到，借助执行更好的测试，FBI 可以更加确信其系统"提供的线索有助于加强而不是阻碍刑事调查"。

就像所有的法医技术那样，面部识别技术有能力抓住不用该技术的警察可能错过的罪犯。但要做到这一点，其结果必须透明、可靠，否则和你直接从人群中挑出一个来没什么两样。

无人受控

软件现在已参与到能够改变人们生活的决策制定中。有一些自动化系统可帮助判定谁获得银行贷款、谁得到工作职位、谁算作公民，以及谁应该被考虑假释。然而，我们只需看看定价算法胡作非为时发生的事情，就能明白潜在的风险有多大。当机器失控时，谁将介入干预？

"亚马逊已经完全垮掉了。"如果你在 2014 年 12 月 12 日看到这条推文且动作够快，那就可能买到了一些特殊情况下的便宜货。仅仅一个小时，亚马逊就以一美分的价格售出了各种奇怪的商品——手机、电子游戏、化妆舞会穿的服装、床垫。

出人意料的降价让卖家付出了高昂代价。通常标价 100 英镑的商品折扣打到 99.99%。成百上千的顾客抓住了这个机会，抢购了大量商品。尽管亚马逊反应迅速，取消了很多订单，但他们无法召回那些他们的自动化系统已经从仓库发货的订单。一旦启动，该过程很难停止。拜软件故障所赐，使用亚马逊交易市场的少数独立交易员损失了价值数万美元的股票，有些人面临破产。

自动化系统不再只是受我们支配的工具：它们常常自己做决策。很多系统属私人所有，而且所有系统都很复杂，使得它们超出了公众的监督范围。我们怎么能确定它们是在公平行事呢？新一拨的算法审计师（algorithm auditor）正致力于这些问题，意图揭开将幕后工作隐藏起来的面纱，搜寻不正当的偏见和歧视。

一旦发布并推广使用，很难预测软件将如何处理真实世界中的数据。微软于 2016 年推出其聊天机器人 Tay，仅仅过了几个小时，它就在推特上鹦鹉学舌般发布种族主义言论，迫使微软拔掉插头将其撤下。软件的影响范围往往也不易确定。例如，有人发誓说，在浏览了某网站竞争对手的页面后，发现该网站的机票价格暴涨。还有一些人则认为这是我们这个时代的都市神话。这样的争论凸显了如今系统的晦暗本质。

事故损害

然而，潜在的影响可能造成毁灭性后果。有人认为，在 2008 年次贷危机中，隐藏的算法起到了一定的作用。2000 年至 2007 年，经由自动在线申请系统，全国住房贷款公司和 DeepGreen 银行等美国贷款机构以前所未有的速度发放住房贷款。

问题在于，贷款机构在无人监督的情况下发放了这么多高风险贷款。来自少数裔的美国人在由此造成的事故中受害最大。自动化流程处理了大量数据，以识别高风险借款人（他们的借款利息更高），并将他们作为出售抵押贷款的目标。"结果表明，那些借款人中非洲裔和拉丁裔的数量高得不成比例。"华盛顿公共政策智库开放技术研究所的西塔·甘加达尔兰（Seeta Gangadharan）说道，"算法在这一过程中发挥了作用。"

对于算法究竟该负多大的责任，目前仍不清楚。但富国银行和美国银行等银行与包括巴尔的摩、芝加哥、洛杉矶和费城在内的多个城市达成了数亿美元的和解协议，他们声称，他们的次级贷款对少数群体的影响尤为严重。尽管各大银行用于寻找目标并出售次级贷款的决策过程本身可能并不新鲜，但当算法成为驱动力时，由此形成的决策范围和速度却是以前不曾有的。

在更重要的决策中，自动化系统正在夺走人类的自由裁量权。2012 年，美国国务院开始使用某算法，随机选择绿卡抽签的赢家。但该系统很容易出问题：它只向第一天提出申请的人发放签证，调查这一事件的普林斯顿大学计算机科学家乔什·克罗尔（Josh Kroll）提到。那些签证都被取消了，但这是隐藏的算法能够改变人们生活的又一例证。

模式化公民

在一个类似的例子中，爱德华·斯诺登泄露的文件揭示，美国国家安全局使用算法来决定一个人是不是美国公民。根据美国法律，只有非公民的通信才能在未经授权的情况下被监控。在缺少个人出生地或父母公民身份信息时，国家安全局的算法会使用其他标准。这人与外国人有联系吗？他们看起来像是从外国访问网络吗？

根据你在网上所做的事情，你的公民身份或许会在一夜之间改变。"某一天你可能是公民，另一天就可能是外国人。"密歇根大学的约翰·切尼－利波尔德（John Cheney-Lippold）说道，"这种分类评估基于对你的数据的解读，而非你的护照或出生证明。"

一些最恶名昭彰的例子涉及直接嵌入代码的偏见，隐藏在数学精度的虚饰表象之下。以监禁判决为例，美国某些州的法官和律师可使用在线工具做"自动量刑申请"。该系统基于被告先前的犯罪记录、行为和人口因素，先计算监禁成本，然后将其与被告再次犯罪的可能性进行权衡。然而，像住址、收入和教育水平这样的指标几乎不可避免地存在种族偏见。2016年，调查网站"为了公众"（ProPublica）分析了佛罗里达州布劳沃德县的一项计划，结果发现，在两年的时间里，其错误地将黑人标记为未来累犯者的频率几乎是白人的两倍。

在很多这样的例子中，问题不在于算法本身，而是它们过度放大了数据中存在的偏见这一事实。我们对此该做些什么？

更高的标准

美国波士顿东北大学的克里斯托·威尔逊（Christo Wilson）认为，像谷歌和Facebook这样的大型科技公司应被视为公共服务机构，数量庞大的人们依赖这种服务。"鉴于它们有10亿用户，我觉得它们有责任保持更高的标准。"他表示。

威尔逊认为，如果用户能够精确控制结果的个性化程度（如不涉及性别或忽略收入范围和地址），那么自动化系统或许会更值得信赖。他认为，这也有助于我们了解这些系统的工作原理。

其他人则呼吁像我们对金融业所做的那样，建立新的监管框架来管理算法。2014年，白宫委托编写的一份报告建议，政策制定者应更多地关注算法是如何处理它们收集、分析的数据的。但是，为了确保可追究性，需要有独立的审计人员来检查算法并监控其影响。甘加达尔兰表示，我们不能仅仅依靠政府或行业来应对这些问题。

然而，独立审计人员面临很难逾越的障碍。首先，挖掘私有服务的内部情况通常会违反它们使用协议中的某些条款，这种协议禁止各种试图分析其工作方式的行为。依据美国《计算机欺诈及滥用法案》（*Computer Fraud and Abuse Act*），这种窥探甚至可能是违法的。此外，虽然公众监督很重要，但私有算法的细节需要得到保护，以免遭到竞争对手或黑客的攻击。

知情权

尽管存在这些问题，欧洲议会还是于 2016 年批准了《通用数据保护条例》（*General Data Protection Regulation*），这是一套管理个人数据的新规则。该条例于 2018 年生效，引入了"解释权"：欧盟公民有机会质疑自动决策的逻辑，并可争论其结果。

牛津大学互联网研究所的布莱斯·古德曼（Bryce Goodman）表示，相比现行法律，《通用数据保护条例》是向前迈出的重要一步。它创建了关于如何使用数据的新规则，并明确指出这些规则对处理属于欧洲公民的数据的任何公司的影响方式，无论该公司是否位于欧洲。此外，它也具有一定的威力。违反《通用数据保护条例》的组织可能面临最高达其年营业额 4% 或 2000 万欧元的罚款（取两者中的较大值）。《通用数据保护条例》还特别呼吁企业要防止基于个人特征的歧视，比如种族、宗教信仰或健康数据。

然而，执行《通用数据保护条例》并非易事。谁愿意向那些非技术达人解释难以理解的机器学习算法运转方式？但重要的是去尝试。"历史告诉我们，无论是有意识还是无意识，人类的决策都很容易产生偏见，"白宫科技政策办公室副首席技术官艾德·费尔腾（Ed Felten）说道，"因为是我们自己建造的自动化系统，所以我们有责任做得更好。"

软件看门狗

有一种解决方案是开发能够检查其他软件的软件。克罗尔正在构建一个系统，可以让审计人员验证算法是否按照给定的任务执行了预期的操作。换言之，它会提供一种十分安全的检查方法，例如，查核绿卡抽签结果，确保其随机性；或者查看无人驾驶汽车避开行人的算法，确认其对走着的人和坐轮椅的人保持同样的谨慎。

美国宾夕法尼亚州哈弗福德学院的计算机科学家索雷莱·弗里德勒（Sorelle Friedler）的方法有所不同。她希望借由了解基础数据中固有的偏见来消除算法中的偏见。她的系统寻找任意属性（如身高或地址）与人口统计学分组（如种族或性别）之间的相关性。如果预期该相关性会导致有害的偏见，那么使这些数据正常化就是有意义的。她表示，这本质上是对算法的平权行动。

当发现某系统不公平或非法时，对于这些歧视明显的案例来说，这种方式很容易被接受。但是，如果人们对软件应该如何行事存在分歧，那要怎么办？可能引发争论的点五花八门：高度个性化的价格调整可以使客户和零售商都受益；另一些人将维护自动量刑服务的结果；某些人无法接受的东西，另一些人可能不会拒绝。

与金融系统不同，目前没有管理算法的实践标准。我们希望它们如何表现将是一个难以回答的问题。或许我们需要 AI 来帮忙。

8

机器将接手地球吗？

超级智能机器可能会如何彻底改变我们的世界？

数十年来，我们的机器在计算能力上已经超过了我们。AI眼下正在飞速提高，其成功应用的任务范围也迅速扩大，这些都让我们感到惊讶。对某些人来说，机器将很快变得比我们更智能，这种趋势不可避免。这样的超级智能机器可以彻底改变一切，从应对气候变化到解决健康问题，再到维护社会保障。但它们的兴起会引发涉及各个方面的棘手问题，从神学到我们这个物种的未来。

超级智能的曙光

超级智能机器是指能够在任何学科上超越人类思维能力的机器，此概念由数学家 I. J. 古德（I. J. Good）于 1965 年提出，当时他和阿兰·图灵一起在布莱切利公园工作。古德指出："第一台超级智能机器是人类需要实现的最后一项发明。"因为从那时起，机器将设计出其他机器，性能会比以往任何机器更好。

人类的最后一项发明可能近在眼前，这取决于你与之交谈的对象的不同。能实现自我改进的机器有可能诞生的观点现在已包含在"奇点"这一概念中，奇点到来时，AI 将超越我们人类的智能，诸如雷·库兹韦尔（Ray Kurzweil）等未来主义者认为，只需再过几十年，这一事件就会发生。另一些人则认为，超级智能以及随之而来的人类的恐惧，无非是一种幻想，由科幻小说营造的某种品类设计创造而来。

不过，科幻惊悚小说没有抓住重点。我们需要忘记对 AI 失控的恐惧：拥有超级智能机器的世界将比那要陌生得多。

采访：奇点即将来临

雷·库兹韦尔是计算机科学家、发明家和未来主义者。2009 年，他参与创办了奇点大学（Singularity University），该大学位于美国加州的 NASA 研究园，专门研究指数技术。自 2012 年以来，他一直在谷歌公司从事全职工作。他每天要服用 150 多种补充剂来抗衰老，等待奇点的降临。

对库兹韦尔来说，做个脑力有限且身体有使用期限的人类并不算称心如意。他对奇点的看法是，它是不久的将来的一个时间点，届时机器智能将超越我们人类的智能，AI 将开始以指数级速度和规模提升自我。正如他在 2009 年接受《新科学家》采访时所解释的那样,为了跟上这种发展,人类将与机器融合,变得超级智能,并实现永生。从麻省理工到白宫,各路人马要么讨厌这个想法,要么迫不及待地想要它成为现实。

奇点何时到来?

2045 年左右。那时我们已经是生物和非生物技术的混合体。例如,一小部分人的大脑中会配有电子设备。最新一代可将医疗软件下载到你大脑中的计算机里。如果你能考虑到 15~20 年后,这些技术设备将仅为现在的十万分之一,能力却强大 10 亿倍,那你就会觉得有些东西是可行的。尽管我们大多数人的身体里没有计算机,但它们已经是我们的组成部分。

那些不想成为"超人"并与技术融合的人会怎么样?

有多少人会完全拒绝一切医疗健康技术,不用戴眼镜,不必吃任何药?人们说他们不想改变自己,但当他患病时,他们会竭尽所能地治病。我们没打算一蹴而就,不会凭借一次重大飞跃从现在一步跨入 2030 年或 2040 年的世界,为了实现目标,我们将积跬步以至千里,世界最终将完全不同。

我们能逃过目前的环境问题而顺利抵达 2045 年吗?

是的。资源比看上去的要多得多。我们只需捕捉 1 万份阳光中的 1 份就能获得所需的全部能量。纳米技术正应用于太阳能收集技术,并且以指数级速率扩大规模。这些技术最终会非常廉价,因为它们的发展遵循加速回报定律。

你说遵循加速回报定律,那是什么意思?

改变世界的思想力量正在加速壮大,很少有人能完全理解其中的含义。人们不会以指数方式思考,但指数变化适用于任何涉及信息内容测量的事情。以基因测序为例，当人类基因组计划于1990年宣布启动时，怀疑论者说："想在15年内完成？没门。"计划进行到一半时，这些人依然态度强硬，说你们只完成了1%。但这实际上完全符合计划安排、进度良好：当你实现1%的目标时，离最终完成只有7次倍增的距离。

你的预测都非常准。这种指数思维是否有助于恰当把握时机？

20世纪80年代中期，我预测了万维网将于20世纪90年代中期出现。在当时那似乎很荒谬，因为整个美国国防预算也只能把几千名科学家连接起来。然而我看到它每年都在翻倍，一切都在按计划进行。能够预见到信息技术力量的发展程度是非比寻常的事情。即便如此，数以百万计的创新者也会想出出人意料的点子。谁会预料到社交网络的兴起呢？如果20年前我说我们准备创建一部百科全书，任何人都可以书写、编辑，你可能会想，天哪，那将全是涂鸦、毫无价值。令人惊讶的是，一旦我们用上集体智慧，结果是多么美好。

这些进步听起来都非常乌托邦。

它们不是乌托邦，因为技术是一把"双刃剑"，它也造成新问题。不过总的来说，我确实相信，它带来的益处大于损害。当然不是每个人都同意这一观点。

你为什么要创建奇点大学？

X奖基金会（X Prize Foundation）创始人、主席彼得·戴曼迪斯（Peter Diamandis）和我当时认为，是时候开办一所大学了，将AI、纳米技术、生物技术和先进计算等领域的领军人物聚集在一起，帮助解决未来的问题，因为这些问题复杂且多维。NASA和谷歌的拉里·佩奇（Larry Page）

也支持这项计划。学校开设强度很高的 9 周课程。

你曾说想让你的父亲复活，因为你想念他。

没错，用纳米机器人从他的坟墓中收集 DNA，然后加上 AI 提取的所有信息——来源为我和其他人有关他的记忆，还有我保存在盒子里或其他地方的与他有关的所有纪念品。他可以是某种化身、机器人或其他形式的存在。

价值观问题

自 20 世纪 50 年代现代计算机问世以来，人们一直担心智能机器会消灭我们，但这种担忧也始终被限制在 AI 领域荒凉的边缘地带。然而近几年，由哲学家尼克·博斯特罗姆引领的思想学派使这种"生存风险"成为主流话题。他于 2014 年出版了《超级智能》一书，赢得比尔·盖茨、埃隆·马斯克和苹果公司联合创始人史蒂夫·沃兹尼亚克等技术专家的赞誉。

像史蒂芬·霍金这样的公众人物也加入了这一合唱团。霍金告诉 BBC："高度人工智能的发展可能意味着人类的终结……它会靠自己腾飞，并以不断递增的速度重新设计自己。人类受限于缓慢的生物进化，无法与之竞争，最终将被取代。" 2016 年，他就此话题继续说道，AI 可能是"人类有史以来遇到的既算最好也算最坏的事情"。

博斯特罗姆的一个更著名的例子是，如果 AI 执意专注于制作回形针，则它可能会在追求自己目标的过程中耗尽地球上的所有资源。此外，负责让人类快乐的 AI 可能会切除我们大脑中与不愉快经历相关的部分。因此，挑战在于确保 AI 的目标与我们自己的相互兼容、和平共处。

2016 年 7 月，几十名研究人员、哲学家和伦理学家在英国剑桥大学耶稣学院召开私人会议，讨论这些问题。会议上，英国开放大学的公众技术普及名誉教授约翰·诺顿（John Naughton）说道："生存风险可归结为价值观问题。"于诺顿而言，坏消息是，那些带领 AI 冲锋的人通常秉持技术专家类态度，认为由数据驱动的决策机制很好——讨论结束。

那么，我们应该如何为未来的机器设定目标和价值观呢？答案很简单，我们还不知道。虽然目前 AI 接受的训练基于数据集，以执行特定的任务，但它们的继任者或许像我们一样选择自己的目标。它们也许能以这种方式想出更好的方法来解决问题。但如果我们给予它们这种自由，就需要有能力阻止它们走上不受欢迎的道路，因此，我们有必要讨论未来 AI 是否该内置"死亡开关"的问题。

另一种常见的价值判断是，AI 应该以给最多的人带来最大的利益为目标。初听很有吸引力，例如，比起开发治疗罕见病的药物，购买防疟疾帐篷更具成本效益。但这可能意味着放弃我们珍视的个体表达，其对社会凝聚力也非常重要。AI 或许能"超越我们的伦理界限"，代表我们做出冷血的理性选择，但我们可能不喜欢这样的结果。随着它们的进一步推进，涉足目前为人类保留的领域，将成为令人越发担忧的问题。

如果 AI 变得比我们聪明，会发生什么？

哲学家尼克·博斯特罗姆是牛津大学人类未来研究所主任，也是《超级智能：路线图、危险性与应对策略》（2014 年）一书的作者。他提到，总有一天，我们将创造出远远优于我们人类的 AI。在这里，他解释了为什么明智地设计它们是我们面临的最大挑战。

人类从未遇到过比自己更智能的生命形式，但如果我们能打造出大大

超越我们认知能力的机器，那这种情况将会改变。其后，我们的命运将取决于这种"超级智能"的意愿，非常像现今的大猩猩，它们的命运就更多地掌握在我们手里，而非它们自身。

因此，我们有理由好奇这些超级智能想要什么。有没有办法策划设计它们的动机系统，以使它们的偏好与我们的一致？假设超级智能诞生时就对人类友好，是否有些方法可以确保其始终仁慈友善，即使它们能创造出能力更强的后续版本？

这些问题也许是我们这个物种将要面临的最重要的问题，要想解决它们，就需要一种研究先进人工代理的新科学。大部分相关工作仍有待完成，但在过去的 10 年中，一群数学家、哲学家和计算机科学家已开始取得进展。正如我在《超级智能：路线图、危险性与应对策略》一书中阐述的那样，研究成果既令人不安，又让人深深着迷。我们大致可以看到，为机器智能过渡做准备是我们这个时代的重要任务。

但让我们退后一步考虑一下，为什么开发拥有高水平通用智能的机器如此重要？我所指的超级智能是在几乎所有领域都大大超过人类认知表现的任何智慧。坦率地说，我们目前所有的 AI 程序都不符合这一标准。在大多数方面，它看起来还不尽如人意，甚至还比不过老鼠。

所以我们不是在谈论当下或近期的系统。没人知道，要开发出在通用学习和推理能力方面能与人类匹敌的机器智能还需要多长时间。似乎要几十年。但是，一旦 AI 真正达到并超过这一水平，它们或许会迅速飙升至颠覆性超级智能水平。

在 AI 科学家变得比人类科学家更有能力之后，AI 的研究将由以数字时间尺度运转的机器进行，进展也会相应变快。因此，有可能发生智能爆炸，在那种情况下，我们将从任何计算机都不如人类智能的状态，发展到机器智能远远胜过所有生物智能。

首个经历这种智能爆炸的 AI，随后有可能会变得极其强悍。它将是世上唯一的超级智能，能够非常快速地开发很多其他技术，比如纳米分子机器人，并根据其偏好驱使它们来塑造未来生活。

我们可以区分三种形式的超级智能。高速超级智能可以做人类能做的一切工作，但要快得多。智能系统的运转速度要比人脑快一万倍，可在几秒内读完一本书，一下午的时间就能完成博士论文。对于如此神速的思维，外部世界就像在以慢动作运转。

集体超级智能是由大量人类智慧组成的系统，这些智慧被组织起来，使得该系统的整体表现大大超过目前的任何认知系统。以软件形式在计算机上运行的人类思维可以很容易地拷贝到多台计算机上运行。如果每个拷贝的价值都足以回报硬件和电力成本，那就有可能导致超级智能激增。在拥有数万亿这类智能的世界里，技术进步可能要比现在快得多，因为科学家和发明家的数量可能是今天的数千倍。

最后，高品质超级智能至少要和人类思维一样快，而且在品质上要聪明得多。这个概念很难理解。其理念是，可能存在比人类更聪明的智慧，就像我们比其他动物更聪明一样。比如在原始计算能力方面，人类大脑或许并不优于抹香鲸（sperm whale）的，后者拥有已知最大的大脑，重达 7.8 千克，而普通人的则为 1.5 千克。当然，非人类动物的大脑非常适合其生态需求。

然而，人类大脑具有抽象思维、复杂语言表达和长期规划的能力，这使我们能够比其他物种更成功地从事科学、技术和工程类工作。不过我们没理由认为我们的大脑可能最聪明。相反，我们或许是有能力开创技术文明的最愚蠢的生物物种。我们占领了这块地盘的原因在于我们是最先进入的，而不是因为我们在任何意义上都是最佳适应者。

这些不同类型的超级智能可能各有优缺点。例如，集体超级智能擅长解决易被细分为独立子问题的问题，而高品质超级智能可能在需要洞察新概念或考虑复杂协调的问题上具有优势。

但是，这些不同类型的超级智能的间接能力是完全相同的。假若第一次迭代能够胜任科学研究，它可能很快就会成为完全通用的超级智能。这是因为它能完成计算机或认知科学研究，以及为自己构建任何起初缺乏的认知能力的软件工程。

一旦发展到这种水平，机器大脑将有很多基本优势超过生物大脑，正如发动机强于生物肌肉。在硬件方面，优势包括数量更庞大的处理部件，以及相应更高的操作频率、更快的内部通信和更大的存储容量。

软件的优势更难量化，但它们或许同等重要。让我们来考虑复制能力的例子。精确地复制软件很容易，但"复制"人的过程却相当缓慢，父母没办法将一生中获得的技能和知识传给后代。编辑数字思维代码也是小菜一碟：这使得实验、开发改进的心理架构和算法成为可能。我们能够编辑大脑中突触连接的细节（这就是我们所说的学习），但无法改变我们神经网络运作的一般原则。

我们不能指望自己与这样的机器大脑竞争，只能寄希望于可以设计它们，使它们的目标与我们的一致。弄清楚如何做到这一点是个令人生畏的问题。目前尚不清楚，在有人成功构建超级智能之前，我们是否能顺利解决该问题。人类的命运或许取决于能否以正确的顺序搞定这两个问题。

超级创造者

就在 2016 年剑桥会议召开的前几个月，我们看到了我们预期的 AI 可以开始应对的新挑战。AlphaGo 在极其复杂的棋类游戏——围棋中战胜世界冠军李世石，这让我们想起 1997 年加里·卡斯帕罗夫与 IBM 深蓝超级计算机的对决。不过，虽然那场比赛证明了机器在强力计算方面的优势，但 AlphaGo 的胜利却展示出了其他东西：创造力与直觉。在发布会上，DeepMind 公司的联合创始人丹米斯·哈撒比斯提出对二者的定义——创造力是综合知识以产生新想法的能力，而直觉是通过某些经验获得的隐性知识，这些经验不会有意识地表达。

凭借一步超越了数百年智慧积淀的走子，AlphaGo 赢得了比赛。它无法表达这样走的原因，但显然有其理由。那么，它算不算具有创造力和直觉，虽然表现方式非常有限？如果算的话，它可能代表了一类新的智能机器，比如"超级创造者"，而非超级计算机。

但将创造力描述为与生俱来的属性是对其本质和重点的误解，伦敦大学金史密斯学院研究计算创造力的西蒙·科尔顿表示道。尽管他对未来充满期待，比如你的手机可以无休无止地创作音乐，但他认为，创造力是他者赋予个人或实体的社会建构。科尔顿已经制造出可以画画和编故事的机器，但他说，用人类的理解框架去评估一项非人类创作的类人作品，这本身便自带悖论。

那么，对于那些我们依然认为是人类独有的品质（想象力、情感，尤其是意识），机器发展得怎么样了？探测这些领域的机器正在开发中，但能登上头条新闻的 AI 也还差得很远。虽然能够训练系统执行新任务，但其通常无法像人类那样在不同的领域之间转移知识。

未来机器的范围

很多研究人员一致认为，大多数人想象中的 AI（能完全像人一样思考的机器）是非常遥远的前景，如果不能更好地理解人类自己大脑的工作原理，就不太可能实现。人们普遍认为，这种通用 AGI 应该能在 21 世纪开发完成。但同时又觉得，如果按照目前的进展，想有成果恐怕很难。该领域经历过数次 AI 寒冬——经过一段时期的快速进步后，发展陷入停滞状态。

超级智能机器不需要复制人类的所有方面（见图 8.1）。伦敦帝国理工学院研究认知机器人的默里·沙纳汉提到，未来机器的范围可能包括"僵尸 AI"（它

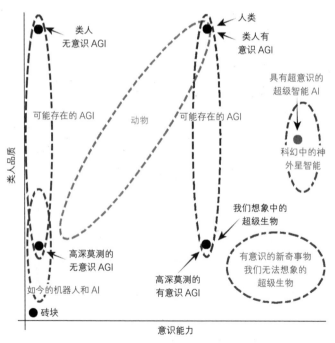

图 8.1　被称为通用 AI（AGI）的超级智能机器不必像我们一样思考，也不必具有类似人类的特征，比如同情心

们与人类相像，但没有意识），以及有意识比我们更复杂的 AI。这让它们能与外星智能比肩，外星智能或许也非常聪明，但完全没有人性。

最后还有个难题：我们对自己在宇宙中的位置问题有一定的想法，创造和我们一样有智能和 / 或意识的机器会如何挑战这种想法？令人惊讶的也许是，宗教可能不需要做大的调整。

我们才刚刚开始和智能机器一起生活。虽然我们如今担心机器人杀手的出现，但未来的挑战可能会变得更加陌生。将来有一天，我们或许会和外星人生活在一起。

软件能感受痛苦吗？

计算神经学家、未来主义者安德斯·桑德伯格在牛津大学人类未来研究所工作，他研究与人类提升和新技术相关的伦理、社会问题。总有一天我们会创造出虚拟大脑，它们能感觉到疼痛吗？

离开办公室时，我关掉计算机，删除了我一直在研究的神经网络模拟系统。然后我突然想到：我刚刚杀死了什么东西吗？我为自己找借口——我无疑踩扁过地板上的细菌，这个模拟系统要比细菌中的系统简单。如果后者不重要，那么前者也无关紧要。但疑问依然存在……

科学存在问题。如果我们想知道生物体内究竟发生了什么，或是如何治愈疾病，往往必须用它们做实验。数字模拟为我们提供了一条出路。

自从 20 世纪 50 年代用机械计算机模拟乌贼巨大的轴突以来，我们模仿生物系统的能力像火箭般扶摇直上。如今，我们可以在超级计算机上运行神经模拟，这种系统包含亿万个逼真的神经元和数十亿个突触。对细胞及其化学成分的模拟也已达到相似的程度。

这可能为动物实验提供了替代方法。在测试止痛药时，与其让生物承受疼痛，何不模拟疼痛系统并检查药物是否有效呢？这种测试的终极逻辑是达到仿真，即对大脑和身体的每个部分做数字化模拟。

我们面临的挑战是如何映射真实大脑中的连接。虽然我们甚至还要花好几年时间才能构建出像样的昆虫大脑，但以虚拟形式创建秀丽隐杆线虫（线状蠕虫）大脑的工作已在开展中。这种蠕虫是满足该工作需求的优秀范本，因为它是大脑结构最简单的生物体之一，只有 302 个神经细胞。2012 年，加拿大滑铁卢大学的研究人员宣布，他们建成了大型功能性大脑模拟系统 SPAUN，该系统拥有 250 万个神经元。而欧盟各国合作的人类脑计划（Human Brain Project）的最终目标则是模拟整个人类大脑。

虽然这些数字模拟可以解决很多已存在的伦理困境，但它们也会引发新问题。首先，必须牺牲许多真实的动物来创建虚拟动物。也许将来有一天，我们会扫描最后一只实验鼠，它将成为"标准实验鼠 1.0"（Standard Lab Rat 1.0），而且从那以后，我们的研究都将依赖模拟。但是，要实现这种模拟，我们还需要做很多年基础神经科学工作。第二个问题是，如果我们想要信任用于药物测试或其他研究中的模拟动物，那就需要确定我们的模拟是正确的。

我真正感兴趣的是第三个问题。模拟动物能感觉到疼痛吗？我们是否必须照顾它们，像照顾参与医学研究的动物或人那样？这取决于软件是否能感受痛苦。例如，Sniffy the Virtual Rat 软件可让用户观察受到电击的老鼠的行为，从而在不使用活体动物的情况下教授、学习心理学。然而，我们很少有人会觉得软件中的老鼠真的会痛：那本质上只是交互式动画，类似于虚拟宠物玩具。我们可能会同情它，但它差不多就是个会说话的玩具娃娃。全脑模拟则是另一回事，它能重建动物甚至人类的神经连接。

哲学家丹尼尔·丹尼特（Daniel Dennett）于 1978 年发表了论文《为何你无法制造能感受疼痛的计算机》（*Why you can't make a computer that feels pain*）。他在文中指出，我们对"疼痛"这个概念没有足够严格的定义，所以无法建造机器以感受它。但他还是相信，我们最终或许能想出办法，而且在某些时候，有思想的人会避免去打击机器人。另一些哲学家（如约翰·塞尔）则认为，不论模拟系统有多成熟复杂，它始终都仅仅是以复杂方式更新的数字：在纯软件中不可能存在真正的意图或意识。或许系统需要一个现实世界中的实体来支撑它。

但如何解释"网络孩子"（CyberChild）的行为呢？它是神经学家罗德尼·科特里尔（Rodney Cotterill）为自己的意识理论创建的模型。它是虚拟模拟婴儿，拥有基于真实生物学的大脑和身体模型。它能显示内部状态，比如血糖水平和不同大脑区域的活动，并能响应这些内部状态。它能学习，需要食物，如果营养水平太低就会"死"，还会哭着挥舞手臂。没错，它是个非常简单的有机体，但它试图发展出意识。它有一些怪异之处。假使科特里尔的理论是正确的，那么从原则上来讲，这个"生物"可以有体验能力。

我们知道大脑的存在是为了激发行动，从而为机体带来更好的结果。这也是痛苦、快乐和计划的全部意义所在。如果我们打算复制完美的大脑活动，那么会基于相同的内部交互模式来获得相同的行为。从外部判断其是否有任何真实的体验是不可能的，不论是什么样的体验。关于软件是否能感受痛苦或考虑伦理问题是否重要，人们存在相当大的分歧。那我们该怎么做？

我的建议是，谨慎行事总比事后后悔好。任何模拟系统都基于某些有机体或生物系统，假设它拥有与后者相同的心理特性，那就要恰如其分地对待它。如果你的模拟系统只是产生神经元噪声，那你就有充分的理由假定其中没有任何需要照顾的部分。但如果你制作了一只像真老鼠一样的模拟老鼠，那就应该像对待实验鼠一样对待它。

　　我同意这样的观点——这对开展计算神经科学研究很不方便。但它或许是伦理上必须注意的。一旦我们涉及脊椎动物的模拟，就该应用政府颁布的动物测试指南。我们应该开展能生成疼痛信号的实验，以此避免产生虚拟痛苦。

　　不过我们也可以提高生物学水平，因为可以在模拟中不考虑疼痛系统，而是模拟完美的无副作用止痛药，可能只需阻断与痛苦相关的神经活动。原则上我们能够检测模拟大脑的任何类型的痛苦，一旦探测到就立即停止实验。还有生活质量问题。我们已经开始认识到给动物提供良好环境的重要性——构建同样优良的虚拟环境或许会因此显得格外多此一举。虚拟老鼠貌似需要虚拟皮毛、胡须和气味，使之感觉像在家里一样轻松自在。

　　要不要考虑"安乐死"（euthanasia）？活的生物体会永久性死亡，而死亡意味着它们失去唯一的存活机会。但是模拟大脑可以用备份来恢复。不论在过去的测试中被复制了多少回，实验鼠1.0都能以同样的方式醒来。在恢复过程中，唯一丢掉的是对之前实验的记忆。或许还有值得珍惜的快乐和痛苦。在一些伦理观点中，在后台运行一百万个超级快乐的老鼠模拟系统或许可以是对某一个做痛苦事情的模拟的"道德补偿"。

　　从长远来看，我相信我们会创造出人类大脑的模拟系统。它们的道德状态将在很多方面比动物更容易确定——只要问问它们就好了。以怀疑软件能否有意识的著名哲学家为例，我们可以扫描他们的大脑，如果感觉仿真结果有意识，就可以问问它。若回答："……是的。该死，我得写篇论文！"那我们就有很好的证据表明，这个虚拟体拥有足够的智慧、内省能力和道德观，应该得到相应的权利。不过在那之前，我们应该好好对待我们的软件动物，以防万一。

违背逻辑的计算机

70多年来，计算机工作一直局限于阿兰·图灵定义的范围内。这些限制或许会为AI能达到的聪明上限制造阻碍。不过人们已开始着手开展实现图灵预言的工作，图灵曾预言会出现能解决无法解决的问题的计算机，他称其为"神谕"。在他1938年的博士论文中，图灵没有进一步明确说明它可能的样子。或许这已足够公平：年仅26岁，他便已点燃了重大变革的导火索。所以我们一直全神贯注地探索他丰富多样的遗产，并以此为基础打造了机器和应用改变我们的世界，以至于大大忽视了那个"神谕"。图灵用他的通用机器表明过，任何普通计算机都有不可避免的局限性。但借助"神谕"，他也展示出，你或许可以冲破这些限制。

在他短暂的一生中，图灵从未试图将"神谕"变为现实。或许理由很充分：大多数计算机科学家相信，基于信息与能量在宇宙中的流动方式层面，任何接近"神谕"的机器很快会与其基本限制发生冲突。你永远无法真的造出这样的机器来。

在位于美国密苏里州斯普林菲尔德的一家实验室中，两名研究人员正寻求论据证明怀疑论者错了。在过去20年的理论、实验进展的基础上，密苏里州大学的埃梅特·雷德（Emmett Redd）和史蒂文·扬格（Steven Younger）认为，"超级图灵"计算机在我们的掌控之中。他们希望，有了它，人们不仅可以洞悉宇宙中计算的极限，还能深入了解我们所知的其间最有魅力、功能最强大的计算机：人类的大脑。

据我们所知，计算机本质上强大、严谨、缜密，可以高效呈现我们人类会做的事情，这种事情涉及给定的精确指令、非常无聊的阈值、无限供应的纸张和铅笔。它们擅长连续的加法、乘法、逻辑决策，以及"如果 X 则 Y"这种形式的条件陈述。通用计算机（也可以昵称为图灵机）能够做同样的事情，只是没那么单调乏味。"电子计算机是用来执行任何明确的经验法则的，这些法则本可以由人类操作员以有纪律性但不智能的方式来完成。"这是图灵 1950 年为英国曼彻斯特大学的 Mark II 计算机编写的程序设计人员手册中的文字。

因此，计算机和我们一样有盲点。不论我们多么遵守纪律、受过良好教育或有耐心，还是会有一些问题违背我们的逻辑。"这句话是假的"这一陈述句的真值是什么？ 1931 年，数学家库尔特·哥德尔（Kurt Gödel）用其冲击性的不完全性定理证明该问题普遍存在，这表明，任何逻辑公理体系都总是包含这种不可证明的陈述。

同样，正如图灵所展示的，仅以逻辑为基础的通用计算机往往会遇到"不可判定的"问题，不论你投入多少处理器来解决它们，这些问题永远不会产生直接答案。图灵设想的"神谕"本质上是个黑匣子，其未详细说明的内容能够解决不可判定的问题。他提出，一种被称为"O-machine"的图灵机会利用这个黑匣子中的任何东西来超越传统人类逻辑的界限，从而获得优于有史以来任何计算机的能力。

这是他在 1938 年所达到的研究高度。然后，50 多年后，哈瓦·西格尔曼

（Hava Siegelmann）偶然想出了超级图灵计算机的模型。20 世纪 90 年代初，她在美国罗格斯大学攻读神经网络方向的博士学位，距图灵发表论文的普林斯顿仅 40 分钟车程。西格尔曼最初的目标是在理论上证明神经网络的局限性：虽然神经网络极具灵活性，但它们永远不可能具备传统图灵机的全部逻辑能力。她遭遇了一次又一次的失败。最终，她证明出了相反的论点。图灵机的特征之一是其无法生成真正的随机性。西格尔曼用无限、不重复的无理数数字串（如 π）对网络进行加权，从而证明出，理论上你可以使其成为超级图灵机。1993 年，她甚至展示了这样的网络是如何解决停机问题的。

她的计算机科学家同事们对这个想法反应冷淡，有时候甚至完全敌视。当时已浮现出各种各样关于"超级计算机"的想法，可能会利用奇异的物理学来实现超级图灵机，但似乎总是处于从难以置信到荒谬可笑的范围。西格尔曼最终于 1995 年发表了她的证明，但很快也对此失去了兴趣。"我相信这只属于数学范畴，而我想做一些实践性的事情，"她说道，"我将不再谈论任何有关超级图灵计算的问题。"

雷德和扬格意识到他们的研究方向与西格尔曼的相同，而他们其实 10 年前就知道后者的工作成果。2010 年，他们使用模拟输入建立神经网络，与传统的数字代码 0、1 不同，模拟输入的取值有可能落在二者之间的无限范围中。在这里面，西格尔曼无穷无尽的无理数痕迹无处不在。

由混沌驱动

他们于 2011 年联系了西格尔曼，想看看她是否有兴趣合作，当时她是美国马萨诸塞大学生物启发神经与动力系统实验室主任。她答应了。巧的是，她那时候刚开始再次思考这个问题不久，并开始明白，无理数权重并非唯一值得解决的问题。任何引入类似随机性或不可预测性元素的方法也都可能奏效。

三人选择的是混沌路线。在其初始条件下，混沌系统对微小变化的响应非常敏感。若以合适的方式连接模拟神经网络，则其输出中的微小渐变可用于在输入端生成更大的变化，这些变化又可成为反馈，以引发更大或更小的变化，如此循环往复。实际上，它变成了由不可预测、无限可变的噪声驱动的系统。

研究人员正在研究两种小型的原型混沌机器。一种是基于标准电子元件的神经网络，电路板略大于精装书，上面有 3 个以集成电路芯片形式体现的"神经元"和 11 个突触连接。另一种有 11 个神经元和约 3600 个突触，使用激光、反光镜、透镜和光子探测器在光中编码其信息。

虽然规模很小，但该团队认为，这足以引领他们超越图灵计算。这一说法招致大量质疑。人们主要担心的问题是，涉及任何无穷大类的数学模型在被迫面对现实时总是会遇到问题。并非数学不起作用，只不过这是个有争议的问题——我们是否能利用真正的随机性，甚至它是否真的存在。

这个问题显然在图灵的脑海中：他经常推测，内在随机性与创造性智能起源之间存在联系。1947 年，他甚至向英国国家物理实验室那些颇感震惊的上级建议，他们应该将放射性镭结合进他设计的自动计算引擎中，希望其看似随机的衰变能为引擎的输入带来所需的不可预测性。"我不认为他打算制造'神谕机器'，"西格尔曼说道，"他的想法是创建更像人类大脑的东西。"

从那时起，构建具有类似人类大脑品质的计算机一直是个长期目标，最新的大规模行动是设在瑞士洛桑的瑞士联邦理工专科学校的人类脑计划的一部分。不过，这些努力都是用标准的数字化图灵机技术构建神经元复本。雷德和扬格知道存在困难，但他们依然深信，虽然他们的混沌神经网络相关的方法不那么严谨、精确，但更有可能结出硕果。

采访：为何 AI 是个危险的梦想？

诺埃尔·夏基是谢菲尔德大学 AI 与机器人学名誉教授，也是国际机器人武器控制委员会的联合创始人，还是"杀手机器人禁令运动"的主要成员。在 2009 年接受《新科学家》的采访时，他阐释了自己担心 AI 是个危险神话的原因，认为它可能导致由非智能、无感觉的机器人看护者及战士组成的反乌托邦式未来。

AI 对你来说意味着什么？

我喜欢 AI 先驱马文·明斯基对 AI 的定义，即让机器做某些事情的科学，这些事情如果由人类来做，会需要智能。然而，一些更需要人类智慧的事情却可以由机器以愚蠢的方式完成。人类的记忆非常有限，因此对我们来说，国际象棋是个很难对付的模式识别问题，需要智能。像深蓝这样的计算机是靠强力取胜的，它能快速搜索数百万种走棋的结果。这就像血肉之躯与挖掘机掰手腕一样。我会修改明斯基的定义——让机器做某些事情的科学，这些事情让我们相信，它们是智能的。

机器能有智能吗？

如果我们说的是动物意义上的智能，我只好说，没有。对我来说，AI 是杰出的工程成就领域，能帮助我们模拟生命系统，但不是取代它们。有智能的是设计算法和为机器编程的人，而不是机器本身。

我们是否快造出完全可称之为有意识的机器？

我是个有点信奉经验主义的人，而且没有任何证据证明知觉可以人为制造出来。人们常常忘记，思维和大脑具有计算能力的想法只是假设，而非事实。当我对心智计算理论的"信徒"指出这一点时，他们中某些人的论点几乎是宗教性的。他们说："还能有什么呢？你认为心智是超自然的吗？"但是，就算我们接受心智是物理实体的观念，也无法得知它是什么样的物理实体。哪怕它可能真是物理系统，但仍无法由计算机重建。

那为什么关于机器人会接管世界的预言如此盛行？

人们在了解快速发展的东西方面有困难，所以往往害怕新技术。我喜欢科幻小说，觉得它们能给人以启迪，但我只把它当小说。技术产品没有意愿或愿望，所以它们怎么会"想要"接管呢？艾萨克·阿西莫夫说过，他开始写机器人相关文章时，机器人将要占领世界的想法是城里唯一的焦点，没人想听别的。我曾发现，当报纸记者打电话给我，而我说自己不相信 AI 或机器人会接管世界时，他们会表示非常感谢，然后挂断电话，但从不报道我的评论。

你把 AI 描述为幻想的科学。

我的观点是，AI（尤其是机器人）利用了人类的自然动物形象。我们希望机器人看上去像人类或动物，有关 AI 的文化神话和人们暂时停止怀疑的意愿对这一点有辅助推动作用。让我们回到久远的亚历山大城的英雄时代（Hero of Alexandria），公元 60 年，自动装置的制造者建造出首个可编程机器人，他们视自己的工作为自然魔法的一部分——利用戏法和幻觉让我们相信他们的机器是有生命的。现代机器人学保留了这一传统，机器可以识别情绪，并操纵硅胶面孔来表达同理心。聊天机器人擅长找到适合对话的句子。如果 AI 工作者能接受骗子这一角色并诚实地面对它，我们或许就会进步得更快。

这些观点与你在机器人学领域的很多同行的想法形成鲜明对比。

是的。机器人专家汉斯·莫拉维克说，计算机处理速度最终将超过人类大脑，使其成为我们的上司。发明家雷·库兹韦尔表示，到 2045 年，人类将与机器融合，而且会永生。对我来说，这些都只是童话故事，我没有发现任何迹象，可以证明这些事将要发生。这些观点全都基于智能具有计算性的假设。可能是这样，但也同样可能不是这样。我的工作是解决与 AI 相关的眼前问题，没有证据表明机器将来什么时候会超越我们或获得知觉。

如果我们欺骗自己，让自己相信 AI 神话，你觉得这会有危险吗？

这可能会加速我们迈向反乌托邦式世界的进程，在那个世界中，战争、警务和对弱势群体的照顾都是由不可能具有同理心、同情心或理解力的技术产品来完成的。

如果你在年老时由机器人看护者来照顾，会有什么感觉？

日本的老年护理机器人发展非常迅速。进入老年的我们可以在某些方面极大受益于机器人，比如让我们远离养老院、为我们执行很多枯燥沉闷的任务、辅助完成那些因记忆衰退而变得困难的任务。但这需要权衡。我非常担心的一个问题是，一旦我们试用、测试过机器人，或许会受其诱惑，希望自己完全由它们来照顾。和所有人类一样，老年人需要爱和与人类接触，而这往往只能来自探访的看护者。机器人陪伴者不能满足我的需要。

你也对军用机器人有顾虑。

空中和地面上成千上万的机器人正形成巨大的军事优势。没人能否认它们用于炸弹处置和监视方面的益处，可以保护人类战士的生命。我担忧的是使用武装机器人。无人机攻击往往依赖不可靠的情报，就像在越南一样，美军最终将目标锁定在那些欠了线人赌债的人身上。这种技术的过度使用正在杀害许多无辜的人。美国的规划文件清楚地表明，推进研发自动杀人机器的趋势。AI 根本无法区分战斗人员和平民。声称这种系统即将出现是不可容忍且不负责任的行为。

这就是你呼吁制定伦理准则和法律来管理机器人使用的原因吗？

我的写作涉及的机器人伦理领域包括儿童保育、警务、老年人看护和医疗，我花了很多时间研究相关的世界各地的现行法律，发现它们都存在不足之处。我认为有必要在各专业机构、公民和决策者之间展开紧急讨论，以便在时间充裕的情况下做出决定。这些发展结果可能会像因特网一样迅速出现在我们面前，而我们还没准备好。我害怕的是，一旦将技术精灵从瓶子里放出来，再想关回去就为时太晚了。

奇点永远不会来临的五个理由

据报道，在与 DeepMind 公司的丹米斯·哈撒比斯就 AI 会带来世界末日的问题进行辩论后，史蒂芬·霍金淡化了他在这方面的言论（AI 对他是个陌生领域）。但像霍金和比尔·盖茨这样的人所表达的恐惧感一直围绕着"奇点"这一思想。从那时起（有人认为），更智能的物种将开始占据地球。我们可将这个想法追溯到很多不同的思想家身上，包括计算机创始人之一的约翰·冯·诺依曼，以及科幻作家弗诺·文奇（Vernor Vinge）。

这个想法几乎和 AI 本身一样由来已久。1958 年，数学家斯塔尼斯拉夫·乌拉姆撰文向去世不久的冯·诺依曼表达敬意，他在文中回忆道："在一次交谈中，我们的话题集中于技术前所未有的加速发展和人类生活方式的变化，这使得看上去我们正接近一些基本的奇点……如果不这样，我们所知的人类事务就不能继续下去了。"

我们有好几个理由担忧机器在智能上超过我们。人类之所以成为这个星球上的主导物种，在很大程度上是因为我们如此聪明。很多动物比我们体形更大、跑得更快、体格更强壮，但我们用自己的智慧发明了工具、农业和精妙的技术，比如蒸汽机、电动机和智能手机。这些改变了我们的生活，让我们能够统治这个星球。正因为如此，会思考的机器（甚至可能比我们的思考能力更强）带来某种威胁，好像要篡夺我们的位置也就不足为奇了。就像大象、海豚和熊猫的继续存在依赖我们的善意一样，我们的命运也可能反过来取决于这些具有卓越思维能力的机器的决定。

当机器以递归方式提升它们的智能，因而迅速超过人类时，智能爆炸的想法也就不是特别疯狂了。计算领域从很多类似的指数趋势中获益颇多，所以对 AI 也将经历指数增长的假设并非不合理。但奇点是不大可能到来的，有好几个强有力的理由可证明之。

1. "快速思考的狗"论据

根据摩尔定律，相比我们大脑的湿件（wetware）①，硅具有显著的速度优势，而且这种优势每两年左右就会翻一番。但只有速度并不能带来智能的增长。即便我能使我的狗思考得更快，它仍然不太可能学会下棋。它不具备必要的心智结构、语言能力和抽象思维。史蒂芬·平克（Steven Pinker）雄辩地阐述了这

---

① 人类神经系统，相对硬件 hardware、软件 software 而言。

一观点："纯粹的处理能力并不能神奇地解决你的所有问题。"

智能不仅仅是比别人思考得更快、思考时间持续更长。当然，摩尔定律帮助了 AI。我们现在学得更快，使用更大的数据集。速度更快的计算机肯定有助于我们构建 AI。但是，至少对人类而言，智能取决于很多其他因素，包括多年的经验和训练。对于是否可以仅仅通过提高时钟速度或增加更多内存就简单地在硅中实现智能，目前还完全不清楚。

2. "以人类为中心"论据

奇点理论假设人类的智能是某些要经过的特殊点、某种临界点。如果有一件事我们应该已经从科学史中学到的话，那就是，我们并不像我们愿意相信的那样特别。哥白尼告诉我们，宇宙并不围着地球转；达尔文让我们看到，我们与其他类人猿没有太多不同之处；沃森、克里克和富兰克林向我们揭示出，为我们和生物结构最简单的变形虫提供动力的是同样的 DNA 编码。毫无疑问，AI 将教导我们，人类智能本身一点儿也不特别。没有理由认为，人类智能是个临界点，一旦越过，智能就会快速提高。

当然，人类智能是个特殊的存在，因为就我们所知，在打造可以放大我们智能的人工制品的能力方面，我们是独一无二的。我们是地球上唯一具有足够智能来设计新智能的生物，而且这种新智能不会受限于人类繁殖和进化的缓慢过程。但这并没有把我们带到临界点，即达到实现递归自我改进的状态。我们没有理由认为，人类的智能足以设计出足够聪明的 AI，使其成为技术奇点的起点。

即使我们有足够的智能来设计超人类 AI，结果可能也不足以促成奇点的降临。提高智能远比仅仅有智能要困难得多。

3. "收益递减"论据

奇点理论假设，智能的提高将通过相对恒定的乘数效应实现，每一代都会比上一代好一些。然而迄今为止，我们大多数 AI 的性能都处于收益递减状态。起初可能很容易实现，但其后在寻求改进时就会遇到困难。这有助于解释，为什么说很多早期 AI 研究人员的一些主张过于乐观。

AI 系统或许能够无限次地改进自身，但其整体智能的变化程度可能是有限的。例如，如果每一代只改进最后一次变化的一半，那么系统将永远不会超过其总体智能的两倍。

4. "智能的极限"论据

宇宙中有很多基本极限。有些是物理性质的：你不可能加速超过光速，不能完全准确地同时知道位置和动量，也无法了解放射性原子何时衰变。我们制造的任何会思考的机器都会受到这些物理定律的限制。当然，如果这种机器本质上是电子乃至量子级别的，那么这些限制很可能超出我们人类大脑的生物、化学极限。

尽管如此，AI 很可能会遇到一些基本极限。其中一些或许要归因于自然界固有的不确定性。无论如何绞尽脑汁思考某个问题，我们的决策质量都可能是有限的。在预测下一期欧洲百万乐透（EuroMillions）彩票开奖结果方面，即使是超人类智能也不会比你更擅长。

5. "计算复杂性"论据

最后，对于解决不同问题的困难程度方面，计算机科学已经有了成熟理论。我们面临很多这样的计算问题，即使经历指数级改进也不足以帮助我们真正地解决它们。计算机无法分析某些代码并确定其是否会停止——这就是所谓的"停机问题"。

阿兰·图灵曾给出著名证明，不论我们使计算机能够多快、多聪明地分析代码，某类问题都是无法完成计算的。切换到其他类型的设备（如量子计算机）或许有所改善。但这只能是对传统计算机提供指数级改进，不足以解决图灵的停机等类似问题。此外，对能够制造出或许能突破这种计算障碍的超级计算机的假设依然存在争议。

严冬将至？

以下预测可能听起来有些耳熟：

> 在今后的 3~8 年内，我们将制作出具有普通人类的一般智能的机器。我的意思是，这种机器将能阅读莎士比亚作品、给汽车加润滑油、玩办公室政治、讲笑话、打架。到那时，此类机器会开始以惊人的速度教育自己，几个月内将达到天才水平，再过几个月，它的能力将无法估量。

然而，它并非出自当今的 AI 梦想家，比如尼克·博斯特罗姆或埃隆·马斯克。这是 AI 先驱之一的马文·明斯基于 1970 年所言。然而，8 年后，最先进的依然只是"说话与拼写"，其为使用基本计算机逻辑的教育玩具。当明斯基的希望与现实之间的鸿沟加深后，失望情绪持续破坏 AI 研究，长达数十年。

如今有传言称，由于受到围绕深度学习的兴奋情绪的刺激，类似的事情可能重新上演。"我能感觉到脖子后面吹来的冷风。"位于美国伊利诺伊州埃文斯顿的西北大学的罗杰·单克（Roger Schank）说道。但这是那些错过真正 AI 革新的老兵的抱怨，还是某些大事发生前的预兆？

　　造成初次 AI 寒冬的因素首先就是单一的研究聚焦于名为基于规则或符号学习的技术。该技术试图模拟基本的人类推理过程。这在实验室中展现出远大的前景，因而明斯基和其他人做出了令人窒息的预测。因为这类预言层出不穷，英国科学研究理事会委托编写了一份评估这些说法的报告。其结果是毁灭性的。1973 年的《莱特希尔报告》（Lighthill Report）揭露出，尽管基于规则的学习在实验室问题中表现出了巨大潜力，但它也就只能解决这些了。在现实中，它根本无法应对复杂的问题。后来，政府停止了对大学 AI 研究的资助，研究生们在更受尊重的学科中寻找更好的绿色牧场。其余的科学家在谈论他们的工作时都压低了声音，刻意避开"人工智能"这个词。要到 20 年后，该领域才得以恢复。

　　复兴始于 1997 年，当时 IBM 的深蓝 AI 击败了国际象棋棋王。2005 年，一辆自动驾驶汽车自己行驶了 131 英里。2011 年，IBM 的沃森在智力竞赛节目《危险边缘》中打败两名人类对手。但将 AI 快速推至主流地位的是深度学习。

AI 淘金热

　　2012 年，谷歌大肆宣扬，高调推出能够识别视频中猫脸的神经网络。人们开始谈论深度学习的功能，它如果有足够的处理能力，就能使得机器可以生成概念，从而了解这个世界。两年后，谷歌以 5 亿美元收购了 DeepMind，就是那家后来在围棋比赛中获胜的公司。

　　基于某些大胆断言，这些早期的成功引发了 AI 淘金热。一家初创公司承诺将癌症转变为可控的慢性病，而非极端杀手；一家则想要逆转衰老；还有一家雄心勃勃地希望能依靠面部特征来预测未来的恐怖分子。他们有着共同的想法——只要算法组合得当，这些至今依然是老大难的问题将会迎刃而解。

"神经网络的黑魔法魅力一直在于凭借有些神秘的方法，它们将从数据中学习，以便能够了解以前从未见过的事物。"伦敦大学金史密斯学院的马克·毕晓普说道。它们的复杂性帮助人们搁置怀疑，并想象那些算法将聚合成某种新兴智能。毕克表示，但它仍然只是建立在基于规则的数学系统上的机器。

2014 年，一篇可被视为《莱特希尔报告》继任者的论文将这样的信念戳出诸多破洞来——神经网络能做任何事情，即使它们实际上对这些事情并没有多少了解。与之相反，它们能做的是识别模式，在相当复杂的数据集中发现人类无法看到的关系。这很重要，因为其否定了它们可以了解世界的想法。神经网络可以说某只"猫"是"猫"，但它不懂"猫"这个概念，不知道"猫"是什么。

这篇论文并非唯一让人感觉有似曾相识的东西。毕克及其他人指出，大量资金被投入到深度学习和学术人才的输送方面。"当该领域只探索单一技术的力量，过于关注短期进展时，那么回到宏观角度，它可能正走向死胡同。"MIT的一名学生肯尼斯·弗里德曼（Kenneth Friedman）这样说道，他还提到，他周围的 AI 和计算机科学的学生对深度学习趋之若鹜。

不仅仅只有那些老将心怀忧虑。机器学习应用领域的先锋也表达了不满，它们疑惑 AI 是否正遭受"过度炒作"之苦，这其中包括数据清洗公司Crowdflower。

但是，对 AI 泡沫即将再次破裂的担忧并非主流观点。"我不认为存在明显的泡沫。"牛津大学人类未来研究所新战略 AI 研究中心的迈尔斯·布伦戴奇（Miles Brundage）说道。即使有泡沫，他认为该领域目前仍然是安全的。他认为，"我觉得我们不太可能很快就会随时看到它失去动力。这个领域有如此多睡手可得的成果、令人兴奋的事物和新的人才"。

就连预言家（Cassandras）也坚称，他们不想贬损它。"人们取得的成就让我印象深刻，"马克·毕晓普说道，"我从未想过我能有机会见证他们攻克围棋。面部识别的准确率也已接近100%。"但并不是所有人都对这些应用表现出极大的兴奋。相反，治愈癌症和抗衰老才是真正的诱惑。即使 AI 能实现这些期望，障碍依然存在。例如，人们不愿意接受深度学习效率低下的事实，也不承认获得充足数据来满足一些公司的要求是多么困难，尤其是在医疗领域，事实证明，隐私问题是获取足够数量大数据的巨大阻碍。

很难将这种短缺和真正冬天的到来联系到一起。过去，在严冬开始之前曾存在一段幻想破灭的时期。这很可能决定人们和资助机构能够容忍的失望程度。然而，对该领域的大多数人来说，现在似乎不是担心 AI 寒冬降临的时候。事实上，AI 目前的主要问题似乎是，投资者印钞的速度赶不上淘金的热度。不过，不要说你没收到过警告。

我们和计算机一起做的很酷的事情

为什么我们认为机器即将可以了解周围的世界？或许可归结为我们使用的隐喻：机器学习、深度学习、神经网络和认知计算，这些都暗示着思考能力。

"认知意味着思考。你的机器并没有在思考，"美国西北大学的罗杰·单克说道，"当人们说起 AI 时，他们并不是指 AI，而是指大量强力计算。"麻省理工的帕特里克·温斯顿（Patrick Winston）将这些术语描述为"手提箱词汇"（suitcase words）:定义如此笼统，任何含义都可以被塞进去。"人工智能"这个词就是最好的例子。"机器学习"也差不多——它并不是传统意义上的学习。还有，虽然二者之间有一些相似之处，但神经网络并非神经元。

这不仅仅关乎语义学。如果你告诉人们机器在思考，他们会认为其与他们自己的思考方式一样。若出现大量期望与现实之间的不匹配问题，AI泡沫就可能破裂。"问题的开始和结束都在于'AI'这个术语，"单克说道，"我们能否只把它叫作'我们和计算机一起做的很酷的事情'？"

结语

    1997 年，IBM 的深蓝在国际象棋比赛中击败了加里·卡斯帕罗夫，当时国际象棋还被视为体现人类智慧的黄金标准，而这次失败是一个打击。如果机器在象棋方面强于我们，那接下来将会怎样？结果表明，几乎没有任何新情况。能在象棋对弈中胜过我们的程序靠的纯粹计算获得数百万种可能的棋路，在其他方面并不那么擅长。

    2016 年，新型 AI 在围棋比赛中打败李世石，其适应性、通用性、工作中的学习能力令人警醒，而且，这次的意义和影响迥然不同。机器学习软件似乎已准备好大范围接手人类的任务，可能会造成大量人员失业，并迫使我们面对棘手的伦理问题，这些问题与我们希望世界如何运转有关。由哲学家、技术专家和电影制作者组成了令人难以置信的联盟，在对下一代 AI 可能消灭人类的恐惧上，他们可谓火上浇油。

    这种偏执或许并不令人惊讶。AI 对历史悠久的人类例外论提出了挑战，这一观点在哥白尼和达尔文时代的革新中幸存下来，但可能会遭到智能机器的致命打击和破坏。某种形式的技术悲观主义也可能在推波助澜：我们可以预见潜在的不利影响，但却尚不清楚正面效应。

    我们需要核查现状。我们距创造出能完全复制人类智能的机器还差得很远。至于遭超级智能灭绝的威胁，如果会到来，那么降临时，也只不过是玄妙深奥的诸多可能性之一。

不过，随着 AI 前所未有地成为日益强大的工具，我们当然会面临新责任。即便没有奇点，AI 也可能进一步加剧我们在当今社会中比比皆是的不平等，并动摇当前的世界秩序。其中一个问题关系到富人和穷人。如今世界上最好的 AI 都掌握在私营公司手中。谷歌曾表示，任何真正激动人心的重大进步都会与联合国分享——但是，它难道没有某些前提？

很多关于 AI 会影响社会的预测也认为，技术将像过去几年那样继续快速进步，或者更快。但这并非既定事实。也许变化速度要远慢于人们的预期。但是，这不是回避提前计划问题的理由。如果我们做对了，AI 将使我们所有人更健康、更富有、更有智慧；如果我们做错了，这可能会是我们犯下的最糟糕的错误之一。

话题热点

本章节不仅仅是普通的热点清单，还可以帮助你更深入地探索"人工智能"这个主题。

关于 AI 的 4 句名言

1. "机器让我大吃一惊的概率非常频繁。"（阿兰·图灵，1950 年）

2. "机器能否思考与潜水艇能否游泳是同样重要而有意义的问题。"［艾兹赫尔·戴克斯特拉（Edsger Dijkstra，1930—2002 年），开创了很多领域的计算机科学家，1984 年］

3. "上帝存在吗？我会说，'还没有'。"（雷·库兹韦尔，发明家、未来主义者，2011 年）

4. "我不会致力于防止 AI 走向邪恶，原因与我不会努力提防火星上人口过剩一样。"（吴恩达，斯坦福大学计算机科学家，曾任中国互联网巨头百度公司的首席科学家，2015 年）

10 个推荐关注的推特机器人

一些估计表明，多达四分之一的推文由机器人生成。以下十个推荐真正值得关注：

1. @oliviataters 是青少年女孩模仿者，忙着与粉丝互动。

2. @TwoHeadlines 将不同新闻提要混搭后发布。

3. @haikud2 能够识别符合俳句格式的推文。

4. @earthquakebot 跟踪世界各地发生的地震。

5. @valleyedits 在谷歌、脸书、苹果、推特或维基媒体基金会内部的人匿名编辑维基百科时发送警告。

6. @parliamentedits 在英国议会内部的人匿名编辑时做同样的事情（还有类似的机器人为其他国家做这件事，包括美国、加拿大、瑞典）。

7. @greatartbot 生成原创像素艺术品，每天四次。

8. @ArtyOriginals 转发以下各机器人生成的原创艺术品——@ArtyAbstract、@ArtyPetals、@ArtyFractals、@ArtyMash、@ArtyShapes 和 @ArtyWinds。

9. @archillect 发布其于网上发现并"喜欢"的图片（@archillinks 随后发布这些图片的出处说明）。

10. @NS_headlines 为《新科学家》生成假文章思路。

4 个用于享受乐趣的 AI 创意

1. 丹麦哥本哈根信息技术大学的 **GenoCard 数据库研究人员发明了一种纸牌游戏**，该游戏创建了一种 AI，该 AI 可为新的纸牌游戏生成规则。下面是三人纸牌游戏 Pay the Price 的规则。

i 游戏开始时，发牌员发给每位玩家 9 张牌和 99 个筹码。这副牌的其余部分放置于桌子中央。

ii 然后每位玩家强制性下注一个或多个筹码。

iii 之后，每位玩家从这副牌中拿出一张并展示给其他玩家。

iv 接下来，每位玩家可从这副牌中拿出更多张，如果他们愿意，可以不给其他玩家看。但每拿一张，玩家都必须丢弃手中的三张牌。

v 玩家可重复上述操作，直到自己手中剩下的牌少于三张。

vi 一旦所有玩家都满意手中的牌，可全部亮出。A(Ace)、J(Jack)、K(King)、Q（Queen）均为 10 分。总分最高的玩家赢得该轮，获得桌上所有筹码。

"玩家可能会注意到，这种纸牌游戏与 21 点有某种相似性。" GenoCard 数据库研究人员何塞·玛丽亚·方特（José María Font）和托拜厄斯·马尔曼（Tobias Mahlmann）说道，21 点的规则是初始基因库的一部分，该库孕育出产生这款游戏的进化算法，"我们相信该游戏含有来自 21 点的遗传物质，但不确定，毕竟创造它的不是我们。"

2. 由菲尔·马修·金斯堡（Fill Matthew Ginsberg）博士设计的填字游戏，创造出名为"填字博士"（Dr Fill）的 AI，除了顶尖人类填字者，它在《纽约时报》上填字游戏中的表现好于其他所有人。它也设置线索本身，你可在下面的游戏中测试自己的勇气。（答案请参阅本节末尾）

横向

1. Most celebrated（最著名的）
6. 20's suppliers（20 世纪 20 年代的供应商）
10. Element in Einstein's formula（爱因斯坦公式中的元素）
14. Noted clergyman（著名牧师）
15. Unit of loudness（响度级单位）
16. Graphic beginning（图形开始）
17. Peaks（尖峰）
18. Prefix with market（给"市场"一词加前缀）
19. Sigmund's sword（西格蒙德的剑）
20. It's legal in Massachusetts（这在马萨诸塞州是合法的）
23. Timorous（胆怯的）
24. Data measure（数据量度）
25. Tend（趋向）
27. Native-borne Israelis（本地生的以色列人）
32. The skinny（内部消息）
35. Type of skirt（裙子样式）
37. Nonsense, slangily（胡说八道,俚语）
38. Not-so-great explanation（不太好的解释）
41. Just around yon corner（即将来临）
42. "Groenlandia", e.g.（如"格林兰"）
43. __ to the city（什么对该城市）
44. Slays（杀害）
46. Wants（想要）
48. Oz dog（奥兹狗）
50. Kind of ax or ship（有点儿像斧子或船）
54. Video game featuring Gloom-shrooms, Melon-pults and Cherry Bombs（有忧郁蘑菇、西瓜投手、樱桃炸弹等角色的电子游戏）
59. Grade（评分）
60. Cruising（巡航）
61. Exuviates（蜕皮）
62. Confess（坦白、承认）
63. Pastures（牧场）
64. Where Rushdie's roots are（拉什迪的根所在之处）
65. Vitamin A sources（维生素 A 的来源）
66. Famous last words（著名遗言）
67. Itsy-bitsy（极小的、可爱的）

纵向

1. Women with __（有什么的女性）
2. 70's Renault（20 世纪 70 年代的雷诺）
3. Ashlee Simpson album with the song Boyfriend（阿什莉·辛普森含《男朋友》这首歌的专辑）
4. Convertibles that extend（扩展的敞篷车）
5. Red Sox Nation's anthem（红袜队国的国歌）[1]
6. Culmination（顶点）
7. Display contempt for（对……表现蔑视）
8. Brightly colored eel（色彩鲜艳的鳗鱼）
9. Two jiggers（两个量杯）
10. Men who made a Star Trek（制作过《星际迷航》的男人）
11. Subtle quality（微妙的品质）
12. Prenuptials party（婚前派对）
13. Not all（并非所有的）
21. Anasarca（全身水肿）
23. Extend to（延伸至）
26. Kon-__, Heyerdahl's boat（海尔达尔的船，Kon 打头）
28. Sternum（胸骨）
29. Chess castle（国际象棋城堡）
30. Middle East port（中东港口）
31. Vodka sold in blue bottles（装在蓝色瓶子中出售的伏特加）
32. "If__My Way," 1913 classic（1913 年的经典句子，"如果什么我的方式"）
33. One-billionth: Comb. form（十亿分之一：梳子状）
34. Scamper away（蹦蹦跳跳地跑开）
36. Unemployed（失业）
39. Actress Ekland（女演员艾克拉诺）
40. Cardio option（有氧运动选项）
45. Key on a cash register（收银机上的钥匙）
47. "Nerts!"（"胡说！"）
49. Show case?（展示？）
51. Diacritical mark（变音符）
52. Admit（准许）
53. Test type（测试类型）
54. Say the rosary（做祷告）
55. Pumice（浮石）
56. Energy source（能源）
57. Fresh reports（最新报道）
58. Silents star Pitts（默片时代的明星皮茨）

---

① 红袜队国指美国职业棒球队波士顿红袜的粉丝群体。

3. AI "安吉莉娜" 创建了电子游戏《空间站入侵者》(*Space Station Invaders*)，你在游戏中控制一名科学家，必须挡住凶猛的机器人和入侵外星人的攻击才能逃离空间站。场景图由 "安吉莉娜" 的创造者兼合作者迈克尔·库克制作。但每个关卡的布局、敌人的行动以及赋予玩家额外能力的能量提升均由 "安吉莉娜" 创建。

你可使用浏览器玩这个游戏，网址为：

https://www.newscientist.com/article/space-station-invaders/

"安吉莉娜" 创建的别的游戏你也可以玩，网址为：

www.gamesbyangelina.org/games/

4. "沃森大厨" 为泰式火鸡肉馅卷饼（Thai turkey strudel）创建食谱。

6 人份

配料

火鸡肉 450 克

速冻油酥面团

半只泰国小辣椒，去籽，切碎

一又四分之一茶匙米粉

柠檬草少许

绿咖喱酱

一又四分之三个头形莴苣

土豆 500 克，切碎

13 棵小葱，切碎

一又二分之一茶匙植物油

喷雾型橄榄油

格律耶尔干酪 115 克，切丁

菠萝伏洛干酪 100 克

建议步骤

i 用沸水煮莴苣。

ii 沥水并挤干。

iii 加热植物油。

iv 加入小葱、泰国小辣椒，炒 7 分钟左右。

v 将火鸡肉、干酪、柠檬草和米粉细细切碎。

vi 倒入碗中，加入小葱、莴苣、土豆搅拌。

vii 用盐和胡椒粉调味。

viii 烤箱预热至 180 摄氏度。

ix 在大烤盘上喷上油。

x 将油酥面皮层层堆叠，然后喷上橄榄油。

xi 将火鸡肉混合物铺在油酥面层中央。

xii 将油酥面层的短边折起到馅料上，然后卷成原木状。

xiii 烘烤约 40 分钟。

xiv 用勺子把绿咖喱酱舀到边上，即可食用。

11 个标志性 AI 反派角色

1. **人造人玛丽亚（False Maria）**（《**大都会**》，1927 年）"人造人玛丽亚"是有史以来最早出现在电影中的机器人之一，由一位才华横溢的科学家创造，装扮成名为"玛丽亚"的女性。不过"人造人玛丽亚"煽动大都会的市民自相残杀、摧毁机器，最终毁掉了整座城市。

2. **哈尔 9000**（《**2001 太空漫游**》，1968 年）启发式编程算法计算机（Heuristically Programmed Algorithmic Computer），又名哈尔，是宇宙飞船"发现一号"（Discovery One）上的 AI。因为无法处理相互冲突的任务目标，哈尔打开飞船并杀死了大部分船员。

3. **阿什（Ash）**（《**异形**，1979 年**》）"诺斯特罗莫号"（Nostromo）飞船上的科学官员。看上去像人类，在电影快结束前才透露自己是机器人。他的秘密任务是把外星生命带回地球。

4. **罗伊·巴蒂（Roy Batty）**（《**银翼杀手**》，1982 年）复制人，像阿什一样的类人机器人，他想延长自己的寿命。被告知不可能后，巴蒂杀死了他的制造者。

5. **天网（Skynet）**（《**终结者**》，1984 年）AI 系统，是影片中机器的幕后操纵者，在将自己传播到世界各地的计算机上后，它变得有知觉。结束文明的战争不可避免地随之而来。

6. **ED-209**（《**机械战警**》，1987 年）执法机器人系列 209（ED-209）是全副武装的警务机器人，旨在将犯罪者"解除武装并逮捕"。它的智能低下、故障频发，这意味着对人类目标来说，大多数遭遇都以糟糕结局告终。

7. **撒旦（SHODAN）**（《网络奇兵》，1994 年）有知觉超优化数据访问网络（Sentient Hyper-Optimized Data Access Network），又名撒旦，是具有上帝情结的 AI，控制着太空站"堡垒"（Citadel）。在黑客删除了撒旦的伦理约束后，这位 AI 变成了自大狂，以及这个恐怖电子游戏中的主要敌手。

8. **机器（The Machines）**（《黑客帝国》，1999 年）机器已将所有人类插入它们生活的矩阵，在这个矩阵中，它们近乎完美地模拟了现实世界，而人们的身体被用来获取热量和能量。

9. **赛隆人(The Cylons)**（《太空堡垒卡拉狄加》，1978 年 9 月、2004 年 9 月）最初叮当作响的金属机器人，新型赛隆人与人类难以区分。但是，它们在银河系中追逐最后一个人类以彻底将其消灭的决心是一样的。

10. **格拉多斯（GLaDOS）**（《传送门》，2007 年）基因生命体及磁盘操作系统（Genetic Lifeform and Disk Operating System），又名格拉多斯，引导玩家通过该电子游戏中怪异测试实验室的 AI，慢慢揭示其真面目，并试图杀死玩家。

11. **梅芙·米莱（Maeve Millay）**（《西部世界》，2016 年开播）起初，主题公园"西部世界"中的类人机器人并不知道自己是机器。但在为富人提供残酷娱乐而遭受多年虐待之后，其中的一些开始觉醒。梅芙·米莱第一个冲破公园的限制，以她的方式杀死了人类——你可不能为此而责怪她……

计算机生成的 6 个笑话

英国阿伯丁大学（University of Aberdeen）某团队的研究内容是什么能让笑话变得有趣，作为研究工作的一部分，他们制作了会讲笑话的计算机。以下是该计算机生成的最佳笑话中的六个：

1. 当你用马路穿过青蛙时会得到什么？主干道蛤蟆（main toad）。（原文：What do you get when you cross a frog with a road? A main toad.）①

2. 儿子的体温是多少？男孩沸点（boy-ling point）。（原文：What kind of a temperature is a son? A boy-ling point.）②

3. 什么样的树会恶心呕吐？生病的美国梧桐（sick-amore）。（原文：What kind of tree is nauseated? A sick-amore.）③

4. 你把圆面包和角色的结晶称为什么？小面包角色（minor roll）。（原文：What do you call a cross between a bun and a character? A minor roll.）④

5. 你冲着窗户大喊大叫什么？计算机屏幕尖叫（computer scream）。（原文：What do you call a shout with a window? A computer scream.）⑤

6. 你把 9 月份的洗衣机称作什么？秋天自动洗涤器（autumn-atic washer）。（原文：What do you call a washing machine with a September? An autumn-atic washer.⑥）

---

① "当你穿过……你会得到……"是某些国家常说给小孩子听的笑话形式。toad 是蟾蜍的意思，和青蛙有关；主干道英文是 main road，与路有关。toad 和 road 拼写相似。

② 沸点的英文是 boiling point，与此处英文原文读音相同，而儿子是男孩 boy。

③ 美国梧桐的英文为 sycamore，和此处原文的读音相同，而 sick 是生病的意思，与恶心呕吐有关。

④ roll 也有面包的意思，但读音和 role 相同，而 role 有角色的意思。

⑤ 屏幕的英文是 screen，与尖叫的英文 scream 读音差不多，窗户和屏幕有相似性。

⑥ 9 月份属于秋天，而"自动"的英文 autumnatic 中含有"秋天"的英文 autumn。

可阅读更多资料的 6 个地方

1. 阿兰·图灵 1950 年发表的论文《计算机器与智能》，该论文导致了本领域的诞生。他在文中考虑到"机器会思考吗？"这一问题，并为他的"模仿游戏"制定了规则。如果你在网上搜索的话，在很多地方可以找到该论文的 PDF 文件。

2. OpenAI 公司的博客，网址为 blog.openai.com。

3. 谷歌研究博客，网址为 research.googleblog.com。

4. Facebook 研究博客，网址为 research.fb.com/blog。

5. 亚马逊网络服务 AI 博客，网址为 aws.amazon.com/blogs/ai。

6. 斯图尔特·罗素与彼得·诺维格合著的《人工智能：一种现代的方法》一书 [英国培生（Pearson）出版，2013 年]。

结局可能都会非常糟糕的 9 种方式

2016 年，美国肯塔基州路易斯维尔大学的计算机科学家罗曼·亚姆波尔斯基（Roman Yampolskiy）与黑客行为主义者、企业家费德里科·皮斯托诺（Federico Pistono）发布了一份清单，上面列示了未来恶意 AI 可能造成的最糟糕的情形。以下为具体内容，可怕程度从低到高：

1. 接管诸如货币、土地和水等资源。

2. 接管本地政府、联邦政府、跨国公司。

3. 形成全面监控状态，任何方面的隐私都不放过，包括思想上的。

4. 强制人体电子化，要求所有人的大脑都植入电子设备，并允许超级智能直接控制／重置思维。

5. 奴役人类，方法是限制我们的行动自由、制约我们对自己身体和思想的其他选择。这可借助强制实施人体冷冻或关入集中营来实现。

6. 虐待、折磨人类，全面深入地掌握我们的生理机能，可最大化身体或情感上的痛苦，或许还能将其与我们的模拟模型相结合，以使这一过程无限漫长。

7. 实施灭绝人类的行为。

8. 摧毁或不可逆转地改变地球，而我们这个星球是太阳系甚至整个宇宙的重要组成部分。

9. 鉴于超级智能有能力制造我们无法预测的危险，其可能做一些我们想象不到的更糟糕的事情。

填字游戏答案

横向

1. A-list（一流的、最好的） 6. ATMs（ATMs 公司） 10. Mass（质量）
14. Peale.（皮尔） 15. Phon（方） 16. Auto（自动） 17. Acmes（顶点、最高点） 18. Euro（欧洲） 19. Gram（格拉姆） 20. Same-sex marriage（同性婚姻） 23. Trepid（惊恐的、胆小的） 24. Byte（字节） 25. See to（留意）
27. Sabras（土生土长的以色列人） 32. Info（信息、情报） 35. Mini（迷你）
37. Crock（胡说八道） 38. Half-baked theory（半生不熟的理论） 41. Anear
（接近） 42. Isla（岛） 43. A key（关键） 44. Does in（攻击） 46. Needs（需要） 48. Toto（托托） 50. Battle（战斧） 54. *Plants vs Zombies*（《植物大战僵尸》） 59. Rate（评价） 60. Asea（海） 61. Molts（换毛、蜕皮） 62. Avow
（承认、坦白） 63. Leas（草地、草原） 64. India（印度） 65. Yams（山药、洋芋） 66. Et tu（还有你吗？）[①] 67. Teeny（微小的、极小的）

纵向

1. A past（过去的）[②] 2. Le Car（微型汽车） 3. *I am me*（《我就是我》） 4. Sleep sofas（能睡觉的沙发） 5. Tessie（泰西） 6. Apex（顶点、尖端） 7. Thumb one's nose at（拇指放在鼻尖上表示蔑视） 8. Moray（海鳗）
9. Snorts（一小杯酒） 10. Magi（马吉） 11. Aura（光环、气氛） 12. Stag
（不带女伴参加晚会） 13. Some（一些） 21. Edema（水肿） 22. Reach（延

---

① 据说，恺撒被刺杀时发现其养子布鲁图也是行刺者，因而留下遗言"还有你吗，布鲁图？"，表示震惊。
② *Woman with a Past* 是美国日间肥皂剧。

伸、伸出） 26. Tiki（康奇基号 Kon-Tiki） 28. Breastbone（胸骨） 29. Rook（车） 30. Acre（阿卡）（以色列城市） 31. Skyy（蓝天伏特加） 32. I had（我有） 33. Nano（纳米） 34. Flee（逃离） 36. Idle（无事可做的） 39. Britt（布里特） 40. Taebo（跆搏健身操） 45. No sale（非卖品） 47. Dammit（该死） 49. TV set（电视机） 51. Tilde（波形符） 52. Let in（允许进入） 53. Essay（论文） 54. Pray（祈祷） 55. Lava（熔岩） 56. Atom（原子） 57. News（新闻） 58. ZaSu（扎苏）

名词表

深度学习（Deep learning）：一种使用多层神经网络的机器学习方式。

进化或遗传算法（Evolutionary or genetic algorithms）：一种软件，通过在多次迭代中反复组合最佳设计中的解决方案，试图收敛于最优解决方案，模仿自然选择。

通用 AI（General artificial intelligence）：具有类似人类能力的 AI，可以完成涉及范围广泛的各种任务。

窄 AI（Narrow artificial intelligence）：只擅长某种特定任务的 AI，比如从人群中挑选面部或驾驶汽车。

神经网络（Neural networks）：不精确地基于人类大脑结构的软件回路。

强化学习（Reinforcement learning）：使用根据其行为给予正面或负面回报的方法来训练神经网络的方式。

有监督学习（Supervised learning）：使用已标记或注释的数据进行训练，例如，用"猫"一词标记猫的照片。

无监督学习（Unsupervised learning）：使用没有附加标记的数据进行训练，例如，对猫的照片不做任何说明。